史上最强的人生箴言

自己拯救自己

[英] 斯迈尔斯◎著　甘平◎译

廣東旅游出版社
GUANGDONG TRAVEL & TOURISM PRESS
悦读书 · 悦旅行 · 悦享人生
中国 · 广州

图书在版编目（CIP）数据

史上最强的人生箴言：自己拯救自己 /（英）斯迈尔斯著；甘平译.
—广州：广东旅游出版社，2013.9（2020.5 重印）
ISBN 978-7-80766-583-0

Ⅰ.①史… Ⅱ.①斯… ②甘… Ⅲ.①成功心理－通俗读物
Ⅳ.①B848.4-49

中国版本图书馆CIP数据核字（2013）第175187号

责任编辑：贾小娇 厉颖卿
封面设计：朝圣设计
责任技编：刘振华
责任校对：李瑞苑

广东旅游出版社出版发行
（广州市越秀区环市东路338号银政大厦西楼12楼 邮编：510060）
三河市天润建兴印务有限公司
（河北省三河市沟阳镇中门庄村 邮编：065200）
850毫米×1168毫米 32开 10印张 125千字
2020年5月第1版第2次印刷
定价：45.00元

前言

只有自己，才可以拯救自己

只有自己，才可以拯救自己。

十五年前，有人邀请塞缪尔·斯迈尔斯为一个位于英国北部小镇里的夜校的学员演讲，学员在夜校里可以互相学习、共同提高。那里的情况如下：

为了相互交流知识，在寒冬腊月的晚上，几个地位低微的男人想方设法碰面。他们见面的地点最初是在某个人的农舍里，随着其他学员的不断加入，不久小屋就无法承受那么多人的拥塞了。终于，夏季到来了，学员们就在农舍外面的花园休息；接着，他们就把授课地点改到用木板围成的花园屋外的空地上。老师为他们开设了算术课程，授课就此进行。每当夜深人静时，许多年轻人就围绕着小屋散步，时而像一群交头接耳的蜜蜂；可是，突如其来的骤雨会使他们抱头鼠窜，不欢而归。

寒冷的冬季一步步逼近，此时学员的数量也迅速增加，农舍已经拥挤不堪，怎样避寒呢？尽管绝大多数年轻人只能得到很低的周薪，但他们打算宁愿负债而租用一间屋子。不久，他们发现有一套虽然脏乱却很大的出租公寓，那座公寓曾经被用作临时霍乱医院，极少有人能发现那儿，因为人们对霍乱的恐惧永远不会消失。可是这些努力、勇敢的年轻人毫无畏惧，他们以昂贵的费用租下了那间病房，在里面点上灯，搁了板凳和餐桌，就这样开始了冬季课程。很快，那儿充满了欢声笑语。毫无疑问，学习的质量可能并不完美，但学员们却心满意足。同学们把自己掌握的知识传授给没有掌握的同学，在提高别人的同时，也熟能生巧。无论如何，这对他们来说是一项很好的学习。于是，那些年轻人（其中也有成年人）继续着他们的学习，互相传授阅读与写作、算术与地理，还有数学、化学和其他知识。

很快这里聚集了一百个年轻人，他们雄心勃勃，并渴望有人能教授他们，随后，塞缪尔·斯迈尔斯知道了此事。

一部分人期待着他的到来，他们期待着塞缪尔·斯迈尔斯给他们做个介绍性的演讲，或者用他们自己的话说——“给他们讲讲”，他们谦虚地向塞缪尔·斯迈尔斯介绍了自己的所作所为，同时提出了这一要求。塞缪尔·斯迈尔斯被他们表现出来的令人敬佩的——自己拯救自己——的精神所感动，于是愉快地答应了。尽管授课令人满意，不过他没有太多信心，但是他意识到哪怕是诚挚地给他们只言片语的鼓励，也可能会意义非凡。在这一考虑下，他为他们做了多次演讲：别人是怎么做的，个人在多大程度上能为自己做些什么；并且指出，在人的一生中，幸福生活主要而且必定依靠自己的努力——依靠自己的勤奋、自我修养、自我训练和自律自制；但首先是靠诚实正直地履行自己的职责，这正是人类品行的闪光点。

没有比这更老套的忠告了，这就像所罗门寓言一样老套，但就是这些老套的建议鼓励了年轻人。他们在课堂上勤奋好学，在工作中努力拼博，成年后，从事着不同的职业，其中许多人现在还从事着对社会有益的工作。许多年后的一个晚上，一位在玻璃厂工作、仪表整洁的年轻人造访塞缪尔·斯迈尔斯。年轻人说现在自己是公司人力主管，是一位成功人士。他高兴而又感激地回忆塞缪尔·斯迈尔斯曾经给他们说过的那些肺腑之言，甚至把他的成功归功于塞缪尔·斯迈尔斯为激励他们的精神所做的努力。这件事勾起了塞缪尔·斯迈尔斯的回忆。

塞缪尔·斯迈尔斯一直被“自己拯救自己”这一课题所吸引，出于习惯，他从给那些年轻人的演讲体会中做些记录，有时在几个小时的课堂后做笔记，记下阅读、观察和生活经历的结果，因为他在构思与此相关的主题。在他早期的演讲中，最突出的例子之一便是对机械师——史蒂芬逊的描述。事业的特殊便利条件和机会促使他一如既往地工作，直到最后出版他的自传。现在这本书也是在相似的精神状态下完成的，两本书的由来基本相同。然而前面所列的性格特征只是些概括，而非长篇累牍的描述，不必太过认真地对待。在大多情况下，只有一些显著特点为人们所注意——个人生活和国家常常把他们的关注和兴趣聚焦在事情的经过上。现在塞缪尔·斯迈尔斯把这本书交给了读者，希望书中的勤奋、坚韧和自我修养精神对读者有所裨益和启发，并希望大家喜欢。

大卫·哈特

1859年9月伦敦

目录

第一章

只有自己努力，全世界才会为你让路

自助精神是个人成长的根源，它体现在生活的各个方面，它也是构成国家强盛的真正源泉。

制度，可以保护人民的幸福

人们总是宁愿相信他们的幸福和成功是通过制度而不是自己的行为来确定的。

“自助者天助之”，是经过实践检验了的箴言。具体地说，就是经过人们丰富经验所产生的结果。自助精神是个人成长的根源，它体现在生活的各个方面，它也是构成国家强盛的真正源泉。从效果上看，外界的帮助使人更加脆弱，自助却使人得到恒久的鼓励。无论你为一个人或阶级做了什么，从某种程度上讲，就是减弱了他们自己努力的激励与必要性。在人们受到过分引导和过分监管的地方，其必然趋势是使人们不能自立。

任何一个制度都不能给人积极的帮助，即使是最好的制度。或许，制度所能做的仅仅就是给予人们发展自我与改进个人状态的自由。但是，人们总是宁愿相信他们的幸福和成功是通过制度而不是自己的行为来确定的。因此，靠立法推动人类进步的价值通常被大大地高估。

然而，尽管这项义务被认真履行，对人们的生活和天性却不能起到积极的影响。甚至，人们慢慢明白，政府的功能是消极和有限的，而不是积极和有效的；政府的职能主要在于保护——保护生命、自由和财产。法律，如果被明智地执行，可以确保人们享受自己的劳动成果。他们为此只需付出相对来说很小的代价。然而，法律无法使懒惰之人变得勤勉，使奢靡之人或嗜酒之徒有所节制，哪怕是最严厉的法律也很难做到。这种改变只有通过个人的节俭和自我克制才能生效，即通过好的习惯而不是权力意志去改变。

伟大的人民铸就伟大的国家

> 一个国家的整体特征总能显示适当的法律及政府的运行结果，就像水能显示水平线一样。

政府，通常被认为是国家组成个体的反映。高于人民的政府将被拉回到人民的位置，同样，低于人民的政府迟早将被提升到人民的位置。依据事物的规律，一个国家的整体特征总能显示适当的法律及政府的运行结果，就像水能显示水平线一样。贵族受到高贵的统治，无知及腐败的人则受无知的统治。事实上，所有经验都证实：一个国家的富强取决于其子民的天性，而非其制度。因为国家仅是社会个体的集合而已，而文明自身也只不过是组成社会的男人、女人、孩子完善个人的问题罢了。

国家和社会的进步是通过个体的勤勉、能干、正直来推动的，同样，国家衰败则是社会个体懒惰、自私和邪恶的结果。通常被我们所谴责的社会邪恶，在很大程度上，是源于我们不断堕落的生活。尽管我们可以通过法律手段尽量减少或根除它们，但是，它们却会以其他形式重新复苏，除非个人生活及民族天性赖以存在的环境得到彻底的改进。如果这种观点是正确的，得出的结论是：最高爱国主义和博爱主义在于帮助和激励人们通过他们自己自由且独立的个人行为来提高自我，而不是改变法律和修改制度。

个人的内因决定了一切事情，外因产生的影响相对较小。被暴君所统治的奴隶并不是最不幸的奴隶（尽管这种统治是极大的罪恶），最不幸的奴隶是自身道义上无知、自私、邪恶的奴隶。仅通过统治者或制度的改变是无法使一个充满奴性的民族获得自由的，只要这种致命的幻念盛行，自由将仍由政府掌控。即使这种状况得到了改观，却也付出了巨大的代价，令人遗憾的是，这种改变在很长一段时间里对曾经身处奴化幻觉的人们，并不会产生实际和持久的效果。个人的天性是自由的坚实基础，也是社会安定和国家进步的可靠保证。约翰·斯图尔特·密尔说得很对：“只要允许个性的存在，即使是专制主义也不会产生最恶劣的后果；任何毁灭个性的东西都是专制主义，不论它以什么名义出现。”

最糟的偶像崇拜方式

凯撒主义是人类偶像崇拜中最坏的形式——对权力的绝对崇拜，其产生的效果与绝对崇拜财富产生的效果一样。

针对民族进步，经常涌现一些陈旧古老的谬论。有些人会吁求凯撒式的救星，其他人则期待国家奋起，另外还有些人则寄希望于议会法令。我们在等待凯撒，然后我们发现“谁承认并听从于他，谁就幸福”这条教义简单来说就是——任何事情都不是由人们自己做主。如果这样的教义被作为指导，社会的自由良知将被破坏，它将迅速为任何形式的专制主义铺平道路。凯撒主义是人类偶像崇拜中最坏的形式——对权力的绝对崇拜，其产生的效果与绝对崇拜财富产生的效果一样。另一个对人们起谆谆教导作用的更加健康的教义便是自立精神。一旦它被完全领悟并付诸行动，凯撒主义将销声匿迹。自立精神与凯撒主义是对立的，正如雨果对笔和剑的论述：“其中一个会杀死另外一个。”

人们普遍迷信国家和议会法令的力量，但那并不管用。爱尔兰的伟大爱国者——威廉·达冈，曾在第一届都柏林实业博览会的闭幕式上发表演讲：“说真的，在我的印象中，从未听到我的同胞言及‘独立’一词。我听得最多的是，如何从此处、彼处或其他什么地方去获取独立，如何把希望完全寄托在我们身边的外国人等论调。当我去乐观衡量通过这种交流给我们带来什么好处时，我深深地感到，我们实业的独立必须依靠我们自己。我坚信，只要把精力集中在勤奋刻苦和精益求精上，我们将迎来更好的机遇和光辉的前景。我们已经抬起了脚步，但惟有坚韧不拔才能带来成功。只要我们精神饱满，热情前进，我坚信，用不了多长时间，我们将共同拥有舒适、幸福、独立的状态，并会将这种状态蔓延至他人。”

每一个国家都是无数代人思想与劳动的结晶。各个阶层的劳动者们，包括耕耘者、矿产勘探者、发明家、探险家、制造业者、机械工、手工业者、诗人、哲学家和政治家，都为自己国家的发展默默奉献自己的力量。他们经过几代的努力，并把劳动成果不断推向更高的阶段。这些不断延续的伟大劳动者，同时也是文明的缔造者，他们在紊乱的工业、科学、艺术中创造了秩序。因此，各个种族，在其自然演化进程中，成为由我们祖先的精湛技艺和辛勤劳动所创造的宝贵财富的继承者。这些财富在我们的手中得以发扬光大，并传递给我们的继承者，在这个过程中，它不仅毫发未损，反而更加完善。

自立自主的精神，正如其在充满活力的个人行为中所展示的那样，不仅在任何时代都是英国人性格的一个显著特征，也是衡量一个国家力量的真正标准。有一些优秀者，在成为群众的领袖之后，受到公众的尊敬。但是我们的进步同样归功于成千上万的籍籍无名之辈，在历史上的任何一次战役中，尽管只有将军们才能名垂青史，但在很大程度上，战争的胜利是凭借士兵们个人的勇猛精神和英雄主义才赢得的。

生活同样也是一场“士兵的战斗”——人类无论什么时候都是最伟大的劳动者。其中绝大多数人终其一生默默无闻，他们对人类文明与进步的影响力自然无法与那些名垂青史的伟人相比，但是，即便是最普通的人，只要他在勤奋、节俭、对生活保持公正诚实的态度等方面，能在其同胞面前做出典范，那么，他对其国家的美好生活就拥有当前和长远的影响。他的品行产生潜移默化的影响，并在今后被推为榜样。

充满生机的个人主义对他人的生活和行为的影响是巨大的，也是真正的实效教育，而学校给予人们的教育仅能算是最简单的文化启蒙而已。来自我们家庭、街道、商店柜台、生产车间、织布机坊、农场、财务室、手工作坊、拥挤嘈杂的人群的日常生活教育，却更加具有影响力。这是作为社会成员的最后的指导，即席勒所谓的“人生历程的教育”，它表现在人的行为、品行、自我修养、自我驾驭等方面，所有这些都在于正确地指导人们，使他们在人生责任和事业上有着清醒的行动。这种教育是无法从任何书本或学术训练中获得的。培根说道：“学习并不能教会人们怎么用它们，那是一个属于学习之外并超越学习的智慧，它只能通过亲自观察实践来获得。”这句话不仅适用于实际生活，对才智本身的培养也是适用的。所有的实践都证明并增强了它的合理性，一个人的自我完善是通过工作而不是读书得来的：是生活而不是文学，是行动而不是研究，是性格而不是遗传，在永久地完善人类。

那些品行良好的伟人的传记，在为他人提供帮助、指导和动力等方面，仍然是最具启发和最有效的。有些佼佼者的传记给人类带来福音，它教给人类和世界一种高尚的生活、高尚的思想和充满活力的行为。这些有价值的榜样充分展示了自立、耐心、奋斗和坚守良知的伟大力量，这种力量存在于形成高贵品质的过程中。它所展示的语言不会让人误解他们获得成功的力量，它以铁的事实证明了自尊和自助的效力：它能使那些地位最卑微的人为自己赢得令人尊敬的地位和声望。

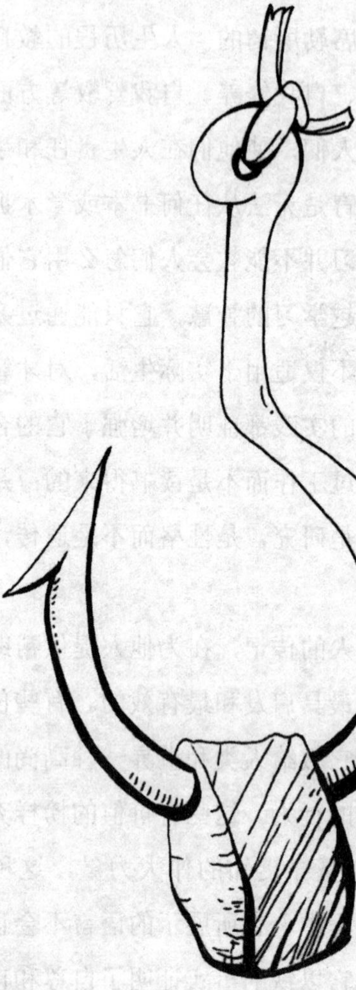

“一天多做一点”这种工作态度会使你从竞争中脱颖而出。

即使贫贱，只要坚持就能成功

> 最穷苦的人也可能到达巅峰，在他们走向成功的道路上，没有困难被证明是根本无法战胜的。在某种程度上，这些困难反而是他们最好的助手。

科学、文学和艺术界的伟人，即那些伟大思想的传导者和宽宏心灵的使徒，他们并没有脱离社会阶层，同样来自学校、车间、农舍——来自穷人的茅草屋或富人的高楼大厦。甚至某些上帝的最神圣的使徒，他们也是来自“社会阶层”。最穷苦的人也可能到达巅峰，在他们走向成功的道路上，没有困难被证明是根本无法战胜的。在某种程度上，这些困难反而是他们最好的助手。这些困难能激发他们发扬勤劳和坚忍的精神，并将之转化成生存的本领和技能。现实中通过克服困难取得成功的例子比比皆是，这也是“有志者，事竟成”这句话的最好的例证。还有许多著名的例子：最富有诗意的神学家杰勒米·泰勒，发明珍妮纺纱机并成为棉纺织业奠基人的理查德·阿克莱特爵士，英国上议院最有名的大法官滕特顿，最伟大的风景画画家特纳。

没有人真正了解莎士比亚，但毋庸置疑的是，他出生于一个社会底层的家庭。莎士比亚的父亲是一个屠夫兼牧场主，早些时候，莎士比亚的目标是成为一名梳毛工，其他人则认为他可能会成为学校的守门人，或者顶多成为一个代写文书的文员而已。他确实似乎“不是一个人，而是所有人类的缩影”。他描写海洋是如此的精确，以至于一位海军军官断言他以前肯定是一名水手；而一位神职人员则表示，从莎翁作品中的种种迹象看来，他以前很可能是一名牧师的文员；一位出色的鉴马师则坚持认为莎士比亚以前是个马贩子。莎士比亚无疑是个演员，在他的一生中，他“扮演了多个角色”，从广泛的经验和观察中他收集了丰富的知识。在任何一件事情中，他都是一个用心的学生及勤奋的工人。直到今天，他的作品对大多数英国人仍具有很大的影响力。

工程师布兰德里、航海家库克和诗人彼恩斯则出生于普通的劳动者阶层中。另外还有令泥瓦工和砌砖工引以为豪的、在林肯法学院工作时总是手中拿着工具、口袋里装着书的B·约翰逊，工程师爱德华兹和德尔福特，地理学家休·米勒，作家兼雕刻家阿兰·喀林汉姆。在众多杰出的木匠中，有建筑师伊里戈·琼斯，天文钟制造者哈里森，生理学家琼·亨特，画家罗姆雷和欧彼，东方学专家里约瑟和雕刻家约翰·吉卜森。

数学家西姆森，雕刻家培根，鸟类学家米尔纳、亚当·沃克、约翰·福斯特、威尔逊，传道士利文斯通博士和诗人唐纳西则出生于纺织业阶层。鞋匠阶层中产生了伟大的海军上将克劳德斯里·肖威尔爵士，电力学家斯特金，散文家萨缪尔·德鲁，《季刊评论》的编辑吉福特，诗人布莱姆菲尔德，传教士威廉·卡雷。另一位传教士莫里逊则曾经是一位鞋楦制造商。之前，班孚的鞋匠中出现了一位名叫托马斯·爱德华兹的资深博物学家。在从事贸易的同时，他把自己的业余时间都用于研究自然科学的各个领域。他在对甲壳虫进行研究时，发现了一个新的物种，这个新物种被博物学家们命名为“普拉尼兹·爱德华兹”。

另外，裁缝们也是很优秀的。历史学家约翰·斯通曾有一段时间从事服装贸易。画家杰克逊未成年时一直在做衣服。曾在玻意第尔斯因为表现突出而被国王爱德华三世授予爵士称号的约翰·豪克斯伍德，早年曾拜一位伦敦裁缝为师。1702 年在维戈摧毁敌人栅栏网的海军上将霍布林，也曾在维特岛靠近本切奇的一个裁缝那儿当学徒。当听说海军战士要经过该岛时，他从裁缝店逃出来，和同伴们来到海边，欣赏海军通过时的壮观景象。这时，霍布林突然有了当一名水手的雄心壮志。于是，他跳进一艘小船，划向海军舰区，来到海军司令的船上，最终如愿成为一名志愿兵。很多年后，他衣锦还乡，特地来到曾经当过学徒的小屋吃熏肉和鸡蛋。裁缝出身的人当中，最杰出的是安德鲁·约翰逊——美国第十七任总统，一个具有超常品质和才华的人。他在华盛顿的就职演讲中说道，他很早就投身于政治生涯，人群中突然有人喊道："他以前是个裁缝。"安德鲁·约翰逊彬彬有礼地说："某些先生说我曾做过裁缝，这根本没什么。在我做裁缝时，由于做的衣服很合身，我享有好裁缝的美誉，对待顾客我总是很热情，并且总是把工作完成得很好。"赞美中夹杂着讽刺，似乎也很认真，这充分体现了约翰逊的性格特征。

卡迪纳尔·沃尔塞、笛福、阿肯塞德和科克·怀特等人的父亲均是屠夫，本杨曾做过补锅匠，约瑟夫·南卡斯则做过编篮子的工人。以共同参与蒸汽机发明而著名的纽卡门是个铁匠，瓦特是个数学仪器制造商，而史蒂芬逊是生产灭火器的。传教士亨廷顿最初是个运煤工，木刻之父柏威克曾是个煤矿工，多雷斯是个仆人，霍尔克罗夫特是个马夫，航海家巴芬最初是一名普通水手，克劳德斯里·肖威尔爵士是仓库管理员，哈斯切尔曾是军乐队的双簧管演奏者，查特雷曾是个熟练的雕刻工，艾迪是个熟练的印刷工，托马斯·劳伦斯爵士的父亲是小餐馆老板。迈克尔·法拉第的父亲是铁匠，早年曾做过装订书籍的学徒，并在这个行业一直干到22岁，而他现在已经成为一流的哲学家，名声甚至胜过他的导师。汉弗莱·戴维爵士则用准确的文字清晰地阐述了自然科学的众多难点和深奥之处。

让我们再看看那些对天文学作出伟大贡献的人：哥白尼的父亲是一名面包师；开普勒的父亲是酒店老板，开普勒自己也曾是“有歌剧表演才能的餐馆服务生”；达伦巴特是某个寒冷的冬夜被遗弃在巴黎一座教堂的台阶上的弃婴，后来由一个玻璃安装工的妻子抚养长大；牛顿的父亲是格兰泽姆附近一个小地产商；拉普拉斯的父亲则是一位穷苦农民。尽管他们早年同样处于很困苦的环境，但通过辛苦实践，他们终于获得了美誉，胜过人世间所有财富。就某些方面来看，拥有财富和出身卑微相比，更加有碍于人的成长。天文学家兼数学家拉格朗日的父亲曾在都灵担任战时财务主管，由于参加投机活动，致使他的家庭陷入贫困的深渊。成名之后，拉格朗日则把他的名望与荣誉归功于当时的困苦环境，他说：“如果那时我生在富有之家，我很可能不会成为数学家。”

在英国历史上，担任圣职者的儿子往往特别优秀。这些人中有名载海军英雄史册的德拉科和纳尔逊，科学精英沃纳斯顿·杨·伯内费尔和贝尔，艺术才俊雷恩、雷诺兹、威尔逊和威尔科，法律专才瑟罗和坎贝尔，文学天才阿迪桑、托马斯、哥德·史密斯、科勒里奇和特里森。在印度战争中赫赫有名的罗德·哈丁、科勒内尔·爱德华兹和梅杰·哈德森，他们都出生于牧师家庭。事实上，印度的英帝国的建立及维持，主要依靠中产阶级——例如克里福、瓦伦·哈斯丁和他们的继承者——他们绝大多数的人都出生于工人家庭，并被训练成具有事业心的人。

在律师家庭中诞生的杰出人物有：埃德蒙·伯克、斯密顿工程师、司各特、华兹华斯、斯莫斯勋爵、哈德维克和唐宁。威廉·布莱克斯通爵士的祖上是丝绸商人；吉福特勋爵的父亲是多佛的一名杂货商；登曼勋爵曾是一位内科医生；塔尔福德法官曾是一位乡村酿酒师；首席男爵——玻洛克逊曾是查伦交易市场的马鞍贩子；发现尼尼威纪念碑的莱亚德，曾做过律师事务所的文员；水压器和阿姆斯特朗大炮的发明者威廉·阿姆斯特朗爵士，曾学习过法律知识并做过一段时间的律师；弥尔顿的父亲是伦敦一名公证人；波普和绍西的父亲均是布商；威尔逊教授的父亲是巴斯雷郡的一个制造商；麦考莱勋爵出生于一个商人世家；凯兹曾做过药商；汉弗莱·戴维曾是一个乡村药剂师的徒弟，在谈到自己时曾说：“我在谈及我的过去时，将抛掉虚荣心，纯粹以平常心去对它。”被人称为“自然历史科学界牛顿”的理查德·欧文，早年在海军学校当见习生，起初他并未涉及科学研究，直到晚年他才开始从事科学研究，并取得了卓越的成就。他花费了整整十年时间为约翰·亨特辛勤收集的巨大博物标本做分类工作，为此获得了渊博的知识。

勤劳和智慧，就可扼住命运的咽喉

孩提时代的阿德里安，因为无法支付照明的费用，只好借助街上和教堂的灯光来完成功课，这种坚忍与勤奋的精神充分预示了他未来的卓越。

在以自己的勤劳和智慧扼住命运的咽喉的人中，外国人的数量和英国人不相伯仲。在艺术界，克劳德的父亲是一名糕点工；吉福斯的父亲是一名面包师；利奥波德·罗伯特的父亲是一名钟表制造商；海顿的父亲是一名车轮制造者等。格雷格利七世的父亲是一名锯木匠；西克图斯五世的父亲是一名牧羊人；阿德里安六世的父亲是一名穷困潦倒的平底货船船员。孩提时代的阿德里安，因为无法支付照明的费用，只好借助街上和教堂的灯光来完成功课，这种坚忍与勤奋的精神充分预示了他未来的卓越。同样出身卑微的杰出人物，还有矿物学家豪伊，他的父亲是圣贾斯特的一位纺织工；机械师霍特菲勒的父亲是奥尔良的一个面包师；数学家约瑟夫·弗雷尔的父亲是奥克塞纳的一个裁缝；建筑学家德兰特的父亲是巴黎的一位鞋商；博物学家格斯勒的父亲是苏黎世的一位皮革商，格斯勒初涉人生，便遭遇了贫困、疾病、家庭灾难等困境，然而，所有这些困难都没有使他丧失勇气，阻碍他取得进步。他的人生经历充分说明了这样的真理：有很多事情要做并乐意去做的人拥有更多的机会。另外一个具有同样特征的人是皮埃尔·拉玛斯，他的父母是皮卡迪的一对穷苦人，当他年纪很小的时候就被人雇佣去放羊。但他很快逃到了巴黎，历尽艰险，成功地进入纳瓦拉大学当雇员。这个环境方便了他的学习，他很快便成为那个时代最杰出的人物之一。

化学家沃克林的父亲是一个农民。童年上学时，他尽管家境贫寒，却很有才华，他的老师总是鼓励并称赞他的才华："继续坚持，我的孩子，只要你努力学习，辛勤工作，将来你一定会像教区执行官那样尊贵。"在一次参观中，一名乡村药剂师赞赏沃克林强健的臂膀，于是邀请他去自己的实验室做捣碎药片的工作。沃克林希望能在那里继续他的学业，于是他答应了这份工作。但这位药剂师不允许沃克林将任何一点时间花费在学习上。当了解到这样的事实，这个年轻人马上辞去了这份工作。接着，他背着帆布包，前往巴黎。到达巴黎后，他试图去为某个药剂师当侍童，但是没能成功。在疲劳与贫困的双重打击之下，沃克林病倒了，他被人送进医院，他以为这次死定了。然而好运在这时终于降临于这个苦命的孩子。康复之后，他又重新出去找工作，终于如愿以偿。随后这个孩子的事迹被著名化学家弗克洛伊所了解，弗克洛伊非常欣赏这个年轻人，并把他当成自己的私人秘书。多年之后，当伟大的化学家弗克洛伊逝世之时，沃克林作为化学教授继承了他的事业。1829 年，由于家乡的选民选举他为议会代表，于是他在阔别家乡多年之后荣归故里。

自 1789 年法国大革命以来，法国军队中从低级军官上升到最高级军职的成功事例相当普遍，相比之下，英国军队中则不是很多。“成功的大门时刻为那些能干的人敞开着”，这一真理早已被事实所证明，成功之门是为每个人敞开的，就看你如何去奋斗了。

霍奇、哈姆波特、彼奇格鲁等人，都是从普通士兵开始他们的军职生涯的。霍奇最初在皇家军队服役，从事的是为马夹绣花的工作，然后用赚来的钱购买用于学习的军事方面的书籍。哈姆波特在少年时是个无恶不作的恶棍，16 岁时他逃离家乡，先在南斯地区给一个商人当仆人，随后在里昂做些打杂的工作，再后来他又成为野兔毛皮商贩。1792 年他报名参加了志愿兵，一年之内就升为旅长。克勒博、拉费耶尔、舒谢特、维克多、兰纳斯、苏尔特、马斯纳、塞特·西尔、德隆基、穆拉特、沃戈洛、巴斯叶赫和列伊等人，都是普通士兵出身。

有些人提升得很快，有些人提升得很慢。

西尔的父亲是多尔地区的一个制革工人，西尔最初是个演员，之后，他在沙塞尔斯报名参军，一年之内被提升为上尉。伯鲁罗公爵维克多 1781 年参军，于法国大革命期间被革职，在对外战争中他又应征入伍，随后的几个月中，他的勇猛和才智迅速得到长官的赏识，遂被提升为副少校和营长。莫拉特·贝里戈特的父亲是一个乡村小餐馆老板，莫拉特·贝里戈特曾在军队照看马匹，他首次参加的是在沙塞尔斯的一个军团，由于他不服从上级命令而被赶出军营，但他随后又参了军，并且不久便被提升为上校。列伊于 18 岁报名参军，然后逐步被提升，很快，克勒博发现了他的才华，称他为“不知疲倦的人”，年仅 25 岁的列伊于是被提拔为副将。

提升缓慢的代表有：苏尔特从士兵升到上士足足花了 6 年时间，然而这种提升却比马斯纳要快得多，后者是参军 14 年才成为上士的。尽管后来他连续获得提升，一步步爬升到上校、师长和元帅的职位，但他宣称，上士这个职位是他花时间最多的，也是赢得其他职位的起点。类似上述的成功爬升在如今的法国军队中仍然存在：匈戈里尔于 1815 年作为普通士兵加入皇家童子军。巴戈元帅作为普通士兵在军中服役了4年，然后才成为一名军官。兰登元帅，当时的法国的国防部长，他的军旅生涯是从一个小鼓手开始的。这些例子将激励着法国士兵饱含热情地献身于军职工作，因为每一个士兵都觉得某一天自己也会像他们一样成为一名元帅。

艰难困苦，是成功的垫脚石

> 要取得杰出成就必须依靠个人奋发向上的精神，好逸恶劳的懒惰品行必然与杰出成就无缘。

凭借超人的意志和坚忍不拔的努力奋斗，使自己从最低微的社会底层上升到对社会具有影响力的社会上层，这些事例在法国、英国或其他国家是如此平凡，以至于难以将这种情形当作特例。只要看看这些成功者的境遇，我们就可以说，早年的遭遇和困境有助于一个人取得成功。

在英国国会的下议院里，就一直有这么一批出身贫寒、通过自我奋斗获得成功的议员。他们是勤奋人民的代表，使英国的立法机构大为增光，也深受人民的欢迎和尊敬。最近出现的沙尔福特选区的下院议员——约瑟夫·布拉哲顿，在下院辩论有关《十小时工作法案》的过程中，以自己童年时候在一家棉纺厂当童工的遭遇为依据，受到大家的同情和关怀，大家非常认真地对待这部法案制定过程的各种细枝末节，并草拟出解决问题的方案。詹姆斯·戈雷汉姆爵士听到布拉哲顿的发言后立即站了起来，他承认在此之前，他一直不知道布拉哲顿先生的出身是那么卑微，但这个事实却使布拉哲顿先生在下议院比以前更受人尊敬了。试想，一个出身如此卑微之人，能一步一步通过奋斗爬升为下院议员，以同等身份同贵族的后人平起平坐，怎能不让人为之激动，为之肃然起敬呢？

晚进的阿德海姆选区议员——福克斯先生，则同样曾在诺威奇当过纺织童工。在国会议员中还有一批健在的同样出身低贱的人：船舶业主林塞先生是我们大家众所周知的人物，直到最近，他还是桑德兰地区的国会议员。一次，他把自己人生经历的一个插曲告诉了威蒙斯选区的选民们，那是在回击他政敌的时候：在 14 岁时他成了孤儿，他因此离开格拉斯哥去利物浦，这时他身无分文。船长最后同意带他走，但必须像个水手那样干些活，于是他在轮船上为蒸汽锅炉不断铲送煤炭。到达利物浦后的整整 7 个星期里，他忍饥挨饿，原因是他找不到工作，他住在茅草屋里，几乎要绝望了，直到最后他终于在一艘船上找到了容身之所。他在那艘船上当了童工，由于他品行良好又能吃苦，很快他便被提升为船长，当时他还不满19岁。在23岁那年，他退出了海上业务，从事岸上业务，之后他发展得很好也很快。“我做到了，”他说，“通过坚持不懈的努力，持之以恒的工作，以及时刻坚持设身处地为他人着想的伟大原则，我获得了成功。”

白金汉宫的威廉•杰克逊先生是德比郡的现任国会议员，他的人生境遇同林塞先生十分相似。他是南开斯特市的一位内科医生的儿子，在他很小的时候父亲便去世了，留下一个由11个孩子组成的家庭，其中，威廉·杰克逊排行老七。父亲在世时年长的孩子们都受到了良好的教育，但父亲死后，年纪小的孩子们的命运发生了巨变。12岁时，威廉辍学了，他到一个轮船码头干苦力，他每天必须从早晨6点一直干到晚上9点。有一次老板生病了，他被带到办公室，在那里他拥有了更多空余时间。这给了他阅读的机会，他得到了一套《大不列颠百科全书》，他立刻从头到尾读完了该书。到后来，他投身贸易活动，由于他的勤奋很快便大获成功。现在，各大海洋里都飘荡着他的船只，他同世界各国保持着商业往来关系。

有类似经历的，还有最近出现的理查德·科布登。他的父亲是一位农民，他在很小的时候便被送往伦敦，在该市一个仓库做童工。他本性勤奋且行为规矩，渴望学习更多的知识。他的主人曾经念的是旧式学校，他警告科布登别读太多的书。但他不听，继续着他的事业，他把从书本中获得的知识财富贮藏在心。很快他获得提升，从一个财产托管员升到旅行推销员——从中他建立了大量的关系网络。最后，他在曼彻斯特从当印花布漆工开始了他的商业生涯。由于他对公共基础事业，尤其是对公众教育颇感兴趣，他渐渐被有关谷类贸易法令的问题吸引住了。为了废止该法令，他奉献了自己的全部财富和毕生精力。其中还发生过一件有趣的事情：他首次在公众面前发表演讲很失败，但是，由于他具有非凡的毅力、实干精神和充沛的精力，经过坚持不懈的努力和实践，他终于成为公共演说家中最具说服力和最具震撼力的人之一。甚至就连一向不苟言笑并且吝啬于赞扬别人的罗伯特·皮尔爵士，也不得不对科布登的演讲报以赞美。法国驻英国大使德鲁阿·德·鲁斯先生对科布登先生，曾有过精彩的评论，他说："他堪称依靠个人才能、毅力和勤奋完成一种杰出伟业的典范。他是那些虽然出身贫寒却通过发挥自己的价值和才能，跻身社会公共生活并受人尊敬的上层人士中最完美的例子。最终，这个品格坚定的罕见例子被英国人传承了下来。"

从上面的例子不难看出，要取得杰出成就必须依靠个人奋发向上的精神，好逸恶劳的懒惰品行必然与杰出成就无缘。正是勤劳的双手和大脑才使得人们在自我修养、智慧增长、商业兴旺等方面富裕起来。一个人即使出生于无忧无虑的高贵之家，他也得靠实干才能获得稳固的社会声望，因为，虽然财富可以传承给后代，但知识和智慧无法传承给后代。富人也许可以雇佣别人为自己干活，但无法通过别人来获得干活的思想，或者说从中“买”到任何形式的自我修养。事实上，在任何事业追求中，只有通过实干才能取得杰出成就。就如同萨缪尔·德鲁和吉福特的经历那样，他们的学校就是补鞋店的摊位。休·米勒也是一样，他在克洛马迪的采石场完成了大学学业。

即使富贵，也不要懈怠

绝大多数的富人仍然能够奋发努力地工作——他们“鄙视享乐而生活在辛勤劳动的时光里”。

安逸和奢华的生活很难使人成为艰苦奋斗或敢于直面艰险的人，也不会使人认识到朝气蓬勃的行为在生活中所能焕发出来的巨大力量。事实上，从某些方面来看，贫穷并不是不幸和痛苦，通过坚持不懈的努力它将会转化成一种幸福；它能激励人们奋发向上，勇敢地去战斗。某些意志薄弱者在奋斗的过程中，也许会通过自甘平庸或堕落来换取安逸，但是，那些意志顽强的人则会从中获取力量、信心和胜利。培根说得好：“人类没能很好地理解他们的财富，也没能很好地理解他们的实力：对于前者，人们竟把它信奉为无所不能的东西；对于后者，人们又太不把它当回事，对自己的实力太缺乏信心。自力更生和战胜自我将让一个人学会从他自身能力的水池中汲取动力，从自己的实力中品尝到甜蜜的面包，学会正确地劳动以养活自己，并认真地扩展好的事物来干好自己的工作。”

对贪图享乐和自我放纵的人来说，富裕是一个巨大的诱惑，尤其对那些被欲望所驾驭而缺乏自制的人来说更是如此。因此，绝大多数的富人仍然能够奋发努力地工作——他们“鄙视享乐而生活在辛勤劳动的时光里”。值得庆幸的是我们国家的富人阶层都不是懒汉，因为他们为这个国家尽心尽职，甚至在国家危难之时付出自己的全部。值得称赞的是，在帕尼苏拉战役中，有一个陆军中尉带领着他的骑兵团独自穿过了湿地和沼泽地。今天，在塞巴斯托波尔荒芜的斜坡和印度燃烧的土地上，诞生了一个具有自我控制和奉献精神的绅士阶层。众多的贵族同胞，他们拥有社会地位和财富，但仍然冒着生命风险活动在为祖国服务的各个领域中。

富人阶层在哲学和科学的和平探索活动中也表现得很优秀。例如，大名鼎鼎的现代哲学之父——培根，以及科学家沃塞斯特、波伊勒、卡文笛希、塔尔波特和罗斯。罗斯是一位伟大的贵族机械工，如果他不是出身贵族的话，他将会摘取发明家的最高桂冠。他对铁匠的工作十分熟练，以至于一个不了解他身份地位的制造商曾极力邀请他到一家大型制造车间当班长。著名的罗斯望远镜就是由他制作的，这无疑是迄今为止人类历史上最精致的仪器。

上层社会中最勤奋的人们主要投身于政治和文学领域。

在这些领域里获得成功同在别的领域一样，也只能靠勤奋、实干和学习才能获得。杰出的部长或议会领袖，肯定是最辛劳的工作者。比如像巴梅斯顿、德比、罗素、迪士累利和格拉斯通。根据《十小时工作法》，这些人本不需要每天工作10个小时以上，然而，事实上这样的时候并不多。

罗伯特·皮尔爵士是当今最能体现这种工作精神的人。他能够连续进行脑力劳动，且从未吝啬自己在这方面的能量的发挥。事实上，皮尔爵士的人生经历给我们树立了榜样：像这样一个具有相对适度能量的人，通过勤奋实干将会完成多少事情啊！在他当国会议员的40年里，他的工作量异常庞大。皮尔爵士是一个诚恳踏实的人，无论做什么，都力求将它做好。他所发表的无论是口头的还是书面的所有言论，都证明他对任何所涉及的事物的悉心研究。他是如此细心，不辞辛劳地满足各种听众的胃口。此外，他还具有敏锐的洞察力和强大的意志力，以及用双手和坚定的眼神指挥行动进展的能力。从某些方面讲，他超越了同时代的绝大多数人，随着时间的推移，他的原则得到了弘扬；它不但不会衰退，而且使他的个性更加成熟。另外，他坚持敞开心扉接收各种新观点，以使自己走向成熟。尽管许多人认为他在创新方面显得过于谨慎，但他对过去并不盲目崇拜。这会影响许多受过教育的心灵，对过去的年代只能报以同情。

大家已经将布莱汉姆勋爵辛勤工作的故事作为榜样了。他为社会服务超过60年，在这期间，他服务于众多领域——法律、文学、政治和科学——而且在这些领域都取得了卓越成就。他是如何奋斗的，这对许多人来说至今仍然是个谜。

曾经有这样的说法：当有人要求布莱汉姆从事某种新的工作的时候，他抱歉说自己没有时间，“但是，”他补充道，“可以去找，我能腾出时间做任何事。”这其中的秘密在于，布莱汉姆从不让自己有一分钟的空闲，他有着钢铁般强健的体魄。大多数人退休后便会尽情享受难有的闲暇，或在太师椅上打发他们的晚年，而布莱汉姆勋爵却展开了一系列有关光线规律的精确研究活动，并把他的研究结果呈献给来自巴黎和伦敦的众多科学读者。与此同时，他又在新闻界发布了他的论文草稿——《科学的人和乔治三世统治文献》，并在上议院中按时履行他的法律业务和政治辩论职责。西德尼·史密斯曾劝他不要那么忘我地工作，但是，布莱汉姆勋爵就是如此地热爱工作——习惯不间断地工作——无论多么繁重的工作，对他来讲都不在话下。他强烈地希望自己在工作上表现卓越，以至于有人说，如果他注定只能是擦皮鞋匠的话，那么，在他没有成为全英格兰最好的擦皮鞋匠之前，他是不可能满足的。

他人的帮助，是成事不可少的助力

尽管个人的勤奋和实干对成功很重要，正如前面所引用的事例和以后还要引用的案例所表明的那样，但同时我们应该承认，接受别人的帮助对我们的人生历程也很重要。

具有相同社会地位的勤奋的人——巴威尔·利顿爵士是另一位。很少有人能像他那样同时在不同领域取得卓越成就，同时是小说家、诗人、戏剧家、历史学家、散文作家、演说家和政治家。他工作踏实，不贪图享乐，充满热情和斗志，并不断超越自己。从勤奋这个角度来说，在仍然健在的英国作家中很少有人写过如此多的著作，更极少有人能产生如此多的高品位优秀作品。巴威尔的勤奋是无人能及的，即使把所有的称赞之词都集于他一身也不足为过。在社交"活跃季节"，他完全可以去狩猎、射击、休闲娱乐——频繁出入各种俱乐部和剧院，参观伦敦的名胜古迹，然后再驾车去乡间别墅，带上自己的储备在那里度假，享受乡间户外的无穷乐趣——然后再到海外旅游，去巴黎、维也纳或罗马——所有这些对一个爱好玩乐和富有的人来说都是非常具有吸引力的，而且可以使他摆脱长时间的艰苦的工作。尽管有着这么令人垂涎欲滴的诱惑，并且他也有足够的财力实现这个诱惑，与其他具有同等社会地位的人不同，巴威尔拒绝了这种享乐的生活方式，去追求一种文人的生活。像庇隆那样，巴威尔努力创作的首部诗集《杂草和野花》并不成功。他再次努力的成果是小说《福克兰》的诞生，遗憾的是，同样也是失败之作。对于一个意志薄弱者的话，他肯定会放弃创作。然而巴威尔却不同，他坚持不懈地继续创作，不达目的誓不罢休。通过不断的努力，广泛的阅读，他从失败的阴影里走了出来，最终走向成功。继《福克兰》之后，他在一年之内又创作了作品《伯尔哈姆》。自此一发不可收拾，巴威尔开始了他长达 30 多年的文学生涯，奉献出了一系列成功的作品。

以实干创造杰出的公职生涯的还有狄士累利先生，他同样为我们树立了榜样。像巴威尔一样，他取得的第一个成就同样是在文学领域。在最初的创作中，他的作品《阿尔洛伊传奇故事集》和《战争史诗》遭到人们的讽刺，甚至被视为精神错乱的标志。但他毫不气馁，继续努力。后来他创作出一系列精品——《康宁斯比》、《西比尔》和《坦康雷德》。作为一个演说家，他在国会下院的首次演讲同样以失败告终，被人们戏称为“比阿德尔菲的滑稽剧还要厉害的尖锐叫声而已”。他在乐队担任词曲作者期间，试图创作出一流的词曲作品来，然而，对于他所创作的每一句词，人们都报以“哄堂大笑”，悲剧《哈姆雷特》被他演奏成了与原剧精神背道而驰的喜剧。最终，他以颇有预见性的语句来结束了这个插曲。当他那充满学识的演说遭受到别人的冷嘲热讽时，他颇感苦恼，但并不放弃，他向人们大声说道：“我尝试过很多事情，并且无一例外最终都获得了成功。总有一天，我将会再次在这里发表演讲。”

最终，他做到了。狄士累利是通过勤劳和实干获得成功的，他通过世界第一次绅士大会那动人的演讲，向我们展示了奋发向前的力量和干出一番卓越成就的决心。与许多年轻人不同，狄士累利先生在遭遇失败后并没有一蹶不振，或躲避到某个阴暗的角落里，而是继续努力学习，发奋工作。他认真改正自己的缺点，仔细地研究听众的性格，不知疲惫地练习演说的艺术，刻苦地学习议会知识。他忍受着一切，目的只是为了成功，成功终究还是到来了，尽管来得慢了点。最后议会不是嘲笑他，而是同他一起欢笑。关于早年他失败的记忆，自然从公众的头脑中悄悄消逝，最后，公众一致认为他是议会里最成功和最有感染力的议长之一。

尽管个人的勤奋和实干对成功很重要，正如前面所引用的事例和以后还要引用的案例所表明的那样，但同时我们应该承认，接受别人的帮助对我们的人生历程也很重要。诗人华兹华斯说：“自助和受助这两个事物，虽然看起来是相互矛盾的，然而把它们有效结合才是最完美的——高尚的依赖和自立，高尚的受助和自助。”所有的人终其一生都会因被抚养和受教育而多少受人恩惠，真正优秀的人往往是乐于承认和接受这种帮助的。

法国作家阿列克西斯·德·托克维尔的人生经历就是一个榜样。托克维尔出身于贵族家庭，父亲在法国颇有名望，母亲则是玛莱谢勃公爵的孙女。家庭影响力使他在 21 岁时就被任命为凡尔赛审计法官，但是，他拒绝了那个职位。或许是他觉得自己无法胜任那个职位，而真正的原因在于他想独自去开创自己的未来。也许有人会说他很愚蠢，但托克维尔勇敢地按照自己的决定去行动。他辞去职位，决定离开法国到美国游历。此行的成果就是后来出版的伟大的《论美国的民主》。对于托克维尔在游历中的那种孜孜不倦的精神，和他一起游历美国的朋友古斯塔夫·德·波蒙是这样描述的：“他的性格与懒惰相排斥，无论是在旅行中还是在休息时，他的头脑一刻也没有休息过……他最喜欢与别人聊的就是什么东西最有用。对他来说，最难受的日子就是那些无所事事、浪费光阴的日子，哪怕是浪费一点点时间都使他如坐针毡。”托克维尔在给朋友的信中写道：“生活中，人不能一刻不行动；外在努力和内在努力同样必不可少，否则，我们只会徒长年龄而不会增加成熟的智慧。世上的人好比在寒冷地区艰难跋涉的旅行者，他走得越高远，就走得越快。病态的灵魂是可怕的，为了抵抗这种可怕的罪恶，人们不仅需要精神力量的支持，也需要与生活上、事业上的朋友互助互爱，共同渡过难关。”

尽管托克维尔强调了充分发挥个人吃苦耐劳和独立精神的必要性，但他更充分地认识到，人的一生需要得到别人的帮助和支持，这是尤其重要的。因此，他承认他非常感激他的两个好友——德·克尔格雷和斯托菲尔——前者给托克维尔精神和智力提供帮助，后者从道义上支持和同情托克维尔。对于德·克尔格雷，托克维尔写道：“你是我唯一值得信赖的心灵，你的影响对我的一生都会起作用。许多人影响过我，但没有一个人能像你那样对我基本理念的形成和行为规则产生如此巨大的影响。”托克维尔也从不掩饰他对自己的妻子玛丽深深的感激之情，她温柔的脾气和性格使得托克维尔能够成功地进行他的研究。托克维尔确信，一个高贵的女人，会在无形中提升她丈夫的品性，而一个庸俗的女人，只会让她丈夫的心灵也受到影响。

最好的帮手永远是自己

无论别人的帮助是多么及时和重要，就事物的本质属性而言，自己才能拯救自己。

总而言之，人类的品格是在各种影响下才塑造成的：有榜样和格言的影响；有生活和文学的影响；有朋友和邻居的影响；也有我们所生活的环境和先辈精神的影响，我们继承了他们品德言行的优秀遗产。除了必须承认这些影响，我们更需要明白，人们是自己生活和行为的主人。因此，无论别人的帮助是多么及时和重要，就事物的本质属性而言，自己才能拯救自己。

第二章

成功，是命运给坚持者的回报

洞察生活的人都知道：命运总是站在勤奋一边，正如大风大浪总站在最好的海员一边那样。

勤奋和坚韧，就可创造奇迹

化学家道尔顿并不认为自己是天才，相反，他认为自己所取得的一切成就都应归功于勤奋和积累。

许多普通人经过不懈的努力获得了许多最伟大的成就。日复一日的平凡生活，尽管有种种牵挂、职责和义务，但它仍然能为人们提供各种最美好的人生经验。对那些勇于开拓的人来说，生活总会给他们提供足够努力的机会和不断前进的空间。人类的幸福之路就在于沿着先贤们留下的道路奋勇前进。那些持之以恒、忘我工作的人，往往最能取得成功。

人们总习惯责怪命运的盲目性，其实真正漫无目的的是人们本身，而非命运。洞察生活的人都知道：命运总是站在勤奋一边，正如大风大浪总站在最好的海员一边那样。对人类求知历史的研究表明，一些普普通通的意志品质，比如公共意识、注意力、专心致志和持之以恒等，对人们的成功帮助最大，而天资或许可有可无，甚至连绝世天才也不敢轻视这些品质的巨大作用。事实上伟人们相信的是智慧和毅力，而不是什么天才。甚至有人把天才定义为：仅仅是公共意识的精华或浓缩。一位杰出的教授兼大学的校长说：天才就是不断努力的力量。约翰·福斯特认为，天才就是点燃自己智慧之火的力量。玻棻说："天才就是有耐心。"

牛顿是世界一流的科学家，这是毫无疑问的，然而，当有人问他，到底通过什么方法得到今天的成就时，他诚实地回答说："总是思考它们。"另外有一次，牛顿这样描述他的研究方法："我一直把研究的课题放在心上，反复思考，慢慢地，由最初的第一缕曙光到豁然开朗。"牛顿的盛誉就是靠勤奋、专注和毅力获得的。刚结束一项研究又紧接着开始下一项，这就是他的娱乐和休息。牛顿曾对本特利博士说："如果我为公众做了点什么的话，那要归功于勤奋和善于思考。"另一位伟大的哲学家开普勒也曾这么说："正如古人所云'学而不思则罔'，对此我深有体会。只有对所研究的东西勤于思考，才能逐渐深入，直到最后全身心地投入其中。"

仅仅依靠勤奋和毅力就能取得非凡的成就，这让许多杰出人物开始怀疑天才是否存在。伏尔泰认为，天才与常人只有一步之距。贝克莱认为，所有人都是潜在的诗人和雄辩家。

哲罗德斯则相信，每个人都能成为画家和雕刻家。洛克、海尔特斯和狄德罗认为所有人都具有相等的天赋，一些人只要在所从事的工作中善于掌握和运用智慧所运行的法则，就能脱颖而出，成为天才。然而，即使我们完全相信勤劳所创造的奇迹，也完全承认那些取得杰出成就的人毫无例外都是意志坚强、持之以恒的人。但很显然，如果没有超人的天赋，不论个人怎样勤奋和发挥自己的才智，也难以成为莎士比亚、牛顿、贝多芬或者麦克尔·安杰罗。

化学家道尔顿并不认为自己是天才，相反，他认为自己所取得的一切成就都应归功于勤奋和积累。约翰·亨特曾自我评论道："我的心灵就像一个蜂巢，不是一片混沌、杂乱无章，而是规整有序，每一点食物都是采自大自然的精华。"从伟人的传记中，我们会发现，那些杰出的发明家、艺术家、思想家和能工巧匠在很大程度上都把他们的成功归功于不屈不挠的努力和专注。他们都是珍惜生命、惜时如金之人。年轻的狄士累利认为要成功就必须精通所学科目，而要掌握它，只有通过持之以恒的倾心钻研。因此，严格地讲，推动世界进步的并不是那些所谓的天才，而是那些资质平平却勤奋异常、不知疲倦之人；不是那些天资卓越、才华横溢之人，而是那些在任何行业都勤勤恳恳、埋头苦干之人。一个寡妇在谈到她那聪明异常而又粗心大意的儿子时曾叹息："唉！他缺乏持之以恒的决心和毅力，又怎能成大器。"缺乏毅力恒心，天才也泯然众人了。意大利有句谚语说得好：“走得缓慢但能坚持的人，才能走得更长、更远。”

因此，重要的是培养良好的工作品质。良好的工作品质一旦得以养成，任何任务就会变得相对简单。“熟能生巧，业精于勤”，如果没有这种坚持不懈的品质，甚至最简单的技术工作也难以完成。罗伯特·皮尔正是早期养成了反复训练和不断重复着乍看是平凡，实则伟大的品格，才使他成为英国参议院中赫赫有名的人物。另外，当道雷顿·马诺还是个孩子时，他父亲就让他站在桌子边练习即席背诵，即席作诗。最初他父亲让他尽可能背诵些周日训诫。当然，开始的时候看似是没多大长进的，但时日一久，效果就显现出来了，最后，他能熟练背诵几乎所有训诫。后来，在议会中他常常以无与伦比的口才驳倒他的对手，这令人们惊叹不已。但几乎没有人将他在辩论中表现出来的惊人记忆力与早年其父亲严格训练的结果联系起来。

不停的努力所产生的效果的确是惊人的，即使对最普通的事情来说也是这样。小提琴演奏似乎并不是一件很困难的事，然而要达到炉火纯青的地步，就必须长时间地反复练习。当一个年轻人问小提琴家卡笛尼，学会小提琴需要多久时，卡笛尼告诉他：“每天 12 小时，连续 12 年。”

俗话说得好：勤奋是金。一个芭蕾舞演员想出类拔萃，不知要流多少汗水、饱尝多少苦头，甚至每一个动作都要千万次地反复训练。当泰祺尼准备演出之前，她常常得接受父亲两个小时的苛刻训练。她会由于筋疲力尽而倒下，但她不能脱掉衣服，只能用海绵作大体上的擦洗，借此恢复精力。舞台上的身轻如燕，让人赏心悦目，但是，这是历经怎样的艰辛才得来的啊，练功的辛酸苦辣，想必只有泰祺尼体会得最深。

愉快和勤奋，是成功的生命和灵魂

东方有一句格言：“时间和耐心能把桑叶变成美丽的云霞。”

然而，千里之行，始于足下。进步绝非一朝一夕之功，任何伟大的业绩不可能一蹴而就。德迈斯特说：“成功的秘密在于知道如何等待。”没有播种就没有收获，必须耐心地、满怀希望地久久等待才能有所得；最甜的果子往往在最后成熟。东方有一句格言：“时间和耐心能把桑叶变成美丽的云霞。”

但是，人们应该在欢快地工作中耐心等待。愉快地工作是一种优秀品质，它为人们的性格赋予巨大的弹性。正像一位基督教主教所说的那样：“脾气是基督徒的精髓。”所以，愉快和勤奋是智慧的精华。它们是成功的生命和灵魂，同时也是幸福之源；或者人生的最大快乐就在于有目的地、风风火火地工作，人们的活力、信心和其他种种优秀品质都建立在这之上。当塞迪·史密斯还是约克郡的弗士顿勒克区的牧师时，尽管他认为这份工作并不适合他，但他还是很欢快地留了下来，并决心尽心尽力去做。他说：“我已下决心喜欢这份工作，我要适应它，这比超乎其上，不停埋怨，认为这种工作无聊透顶，尽说废话，更有男人气概。”霍克博士在从事每一项新工作之前，他总是说：“无论我在哪儿，我都会以上帝的名义发誓，我会用自己的双手辛勤工作；如果我找不到一份工作，那么我就自己创造一份。”

服务于大众的人，常常因为不能收到立竿见影的效果而闷闷不乐，他们往往特别需要更大的耐心和等待。他们播下的种子有时会深埋于寒冬积雪之下，也许春天还未来临，冬雪还没融化，那些辛勤播种的人就已长眠地下。并不是每个从事社会公益事业的人都能像罗兰·希尔那样，能在自己的有生之年，看到自己的伟大思想开花结果。亚当·斯密在古老而又黑暗的格拉斯各大学播下了许多伟大的社会改良的种子，他在那儿精心耕耘多年，从而奠定了他的《国富论》的基础。然而在 70 年后，才收获了实质性的成果，事实上这还远远不是全部。

希望，是生命的支撑

希望，是生命的支撑

强烈的希望，比任何一种已实现的快乐，对人生具有更大的激奋作用。

任何东西都不能弥补男人的希望的破灭，希望的破灭甚至能改变一个男人的性格。一位伟大而又可怜的思想家曾说：“我怎么能工作？我怎么能幸福？”而最欢快、最有勇气、最有希望的传教士——卡瑞也曾悲伤地说：“我的希望和事业已经全部破灭了。”在印度时，他的 3 个执事助手懒惰无比、无所事事，卡瑞只能在工作中间稍稍休息。卡瑞的父亲是一个鞋匠，韦德和马塞姆是卡瑞的助手。韦德是木匠的儿子，马塞姆是织布工的儿子。经过努力，他们在塞尔姆波建起了一所富丽堂皇的神学院，16 个分站也相继建立起来。他们还把《圣经》翻译成了 16 种文字，在英属印度播下了一场道德革命的种子。卡瑞从不为自己的出身卑微感到羞愧。一次他和总督在一起，他听到旁边的一个官员大声问另外一个："卡瑞曾经是个鞋匠？""对，先生，"卡瑞没等对方回答就抢着回答，"我以前就是一个鞋匠。"关于卡瑞小时候倔强的故事，是一个众所周知的逸事。有一次爬树的时候，他不小心跌到了地上，摔断了腿。因此在床上休养了几周，当他稍稍康复到走动不用别人搀扶时，他所做的第一件事就是再去爬那棵树。卡瑞具有无比的勇气，他做事雷厉风行，决不退缩。

别人能做的事你同样能做

> 我现在详细告知你们这件事，只想表明勇气是多么的重要——我无法以其他方式大声说明我不屈不挠的毅力——我讲出来是为了使自然保护者克服最令人心痛的种种困难。

哲学家杨格博士曾说过：“别人能做到的事，你也能做到。”只要杨格决定要做某事，他就会勇往直前、决不退缩。据说，他第一次骑马时，由著名运动员——巴克里先生的孙子陪着他。当面前的这位马术师骑马从一道高栅栏上一跃而过时，杨格认为自己也能做到，但遗憾的是，他从马背上摔了下来。杨格一言不发地又跨上马背，继续作第二次尝试，可是又失败了，不过这次他抓紧了马颈，因此没被扔得很远。

第三次，终于他成功了，他骑着马一跃而过，就像一名专业的马术师那样。

身陷逆境的鞑靼人那种不达目的誓不罢休的精神家喻户晓。美国鸟类学家奥多本的一段亲身经历与之相比丝毫都不逊色。他说："一次与我保存的 200 多幅鸟类原画有关的偶然事件，它使我几乎放弃了鸟类学研究。我现在详细告知你们这件事，只想表明勇气是多么的重要——我无法以其他方式大声说明我不屈不挠的毅力——我讲出来是为了使自然保护者克服最令人心痛的种种困难。我在俄亥俄州肯塔基的哈德逊村落待过几年，后来因为别的原因不得不去费城。临走前，我把我绘制的草图小心地存放进一个木制的盒子里，然后将其交给一位亲戚，并再三叮嘱不要损坏了这些东西。几个月后，我回到家，随后，我便询问那只盒子，我急切地想见到我的宝贝。亲戚把木盒拿出来，打开后竟发现一对挪威老鼠已在里面做了个窝，在满箱子的碎纸屑中哺育了一群幼鼠。仅一个多月时间，它们好像已居住千年之久。一股无名之火冲上我的心头，一连数天，我极其烦躁，度日如年，只能用睡觉来缓解这种压抑的感觉。随着时光的流逝，我的怒气渐渐消失，烦恼也烟消云散。我又重新鼓起勇气，就当什么也没发生过地背上枪，带上笔和笔记本，高高兴兴地向山林出发。我真为自己能比以前做得更好而高兴，不到三年，我重新完成了自己的作品。”

想要取得成就必须像蜜蜂一样不停歇地劳作

天才其实就是工作有条有理、一丝不苟。作为一名伟大的作家，他的成功得益于像蜜蜂一样永不停歇地劳作。

有一次，艾萨克·牛顿的小狗“钻石”把桌子上的油灯弄翻了，这也将牛顿辛勤工作多年的精确计算成果毁于一旦。这次意外使这位哲学家身心俱损，非常痛苦，理解力也随之衰退。

卡利里先生在写作《法国革命史》第一卷时，也有过同样的遭遇。他想把手稿送给一位有文学素养的邻居审阅，但由于疏忽，手稿被扔在了邻居家客厅的地板上，卡利里竟然忘了这事。几周之后，出版商摧着要稿子，他急忙派人去取，邻居却莫名其妙。经过一番仔细调查，终于弄清了事情的原委。原来，邻居家里的佣人见客厅地板上扔着一捆“废纸”，便把它丢到厨房和客厅壁炉里烧掉了！当卡利里得知这个灾难性的消息后，他目瞪口呆，茫然失措。但这时说什么都于事无补了，他只好下决心重新开始写作。可是原稿丢了，所有事实、观点都只能竭力从尘封的记忆中搜索。起初的创作是一种乐趣，而第二次重写时就成了一种痛苦和折磨了。然而他在这种煎熬中，以顽强的毅力完成了该书的重写任务。

这种持之以恒、不屈不挠的品质，更容易体现在许多杰出发明家的身上。乔治·史蒂芬逊经常把自己的建议总结成一句话："不达目的，誓不罢休。"他经常这样劝诫年轻人。

乔治·史蒂芬逊用 15 年的时间改进火车头，最后在莱希尔取得了决定性成果。瓦特用了 30 年的时间发明蒸汽机。在科学、艺术和实业界的每个行业里都有同样感人的事迹，其中最有趣的或许要数尼尼微大理石碑刻的发现了。这种刻在碑石上的箭形书写符号是自马其顿征服波斯以后早已失传的楔形文字。

在波斯的克曼莎的一个东印度公司里一位聪明的实习生，他在公司的附近发现了许多古怪的楔形铭文、碑刻。这些铭文、碑刻十分古老，任何人都不知道其来历。在他描摹的碑刻中，有一块名叫比斯顿岩壁的巨石，它平地拔起 1700 英尺，并且异常陡峭，其下部 300 英尺范围内用波斯语、锡西厄语和亚述语 3 种文字铭刻了大量碑文。这些文字无人能识，令世人惊奇。这位实习生立刻把岩壁的文字描摹了下来，经过把已知的和未知的、已经消失的和仍然存在的符号反复比较、揣摩，他掌握了一些关于这些楔形文字的知识，并且绘制了一个字母表。罗里逊先生，也就是后来的亨利先生把描摹的文字寄回家让人考证，但没有人能给予解答。然而，一名叫罗热斯的原东印度公司的职员，对这些文字略有研究。于是罗里逊又把这些描摹送给他进行考察。罗热斯尽管从没见过比斯顿岩壁，但他断言这些描摹并不准确。罗里逊在比斯顿岩壁附近，把描摹本与原迹比较之后，证明罗热斯的判断是正确的。经过反复比较，深入查证，关于这些楔形文字的研究终于取得突破。

英国政府为了有利于这两位自学者的学习，准备为他们配备一个助手，并提供些学习所需消耗的原料。伦敦一家律师事务所的一个名叫奥斯汀·莱亚德的人毛遂自荐，令谁都没想到的是，这三个年轻人竟成为失传文字的破解人和深埋于地下的古巴比伦历史的发掘者。莱亚德年仅 22 岁，当时他正在东方旅行，他想穿过幼发拉底河地区。他只有一个伙伴，他们俩没有携带任何武器。不过，由于莱亚德彬彬有礼，并且身材魁梧，他们顺利地穿过了各个死亡部落，这些部落间经常发生野蛮的战争。眨眼间，几年过去了，虽然没有掌握足够的技术，但凭着顽强的毅力和发掘文物的极大热情，他挖掘了大批历史文物，同行们对这些文物闻所未闻。很多浮雕和稀世珍品由于莱亚德的辛勤发掘而得以重见天日。据考证，这些展览在大英博物馆的珍稀文物，结合《圣经》，竟然准确地记载了3000多年前发生的许多重大事件，就像新启示录突然光临世间一样，令人惊诧莫名。对此，莱亚德曾深有感慨地说："这些尼尼微碑刻将永远铭记着人们的执著、勤劳和活力所产生的令人惊叹的丰功伟绩。"

此外，在自然史方面取得卓越成就的德·布封的一生也证明了勤奋就是天才这一真理。布封在年轻时，并没有什么超人的天资，他智力平平，甚至反应有些迟钝，此外，他天性懒惰，他继承了大笔的财产，人们认为他会沉溺于荣华富贵中，毫无作为。但布封有自己的理想，他不想碌碌无为，他决定从事科学研究。

俗话说，时间就是金钱，布封天性赖床，对此他深感苦恼，他决心改掉这个坏习惯。他经过一段时间的努力后，仍然没有效果。无奈之下，他只得叫佣人约瑟夫帮忙。他答应约瑟夫，只要他能在早上6点钟之前把自己叫起来，就给约瑟夫1克朗的奖励。但每天早上约瑟夫叫他起床时，布封都以生病为借口或者因打扰他的睡眠而假装生气。当他睡足起床后，又大声责怪约瑟夫不叫他起床。从此，这位贴身男仆决定狠下心来赚那1克朗了，他不再怜悯布封可怜巴巴的恳求，也不在乎他的威胁，他一次次地强迫布封在6点之前起床。其中有一次，布封无论如何都不肯起床，任凭约瑟夫使用任何法子，他都赖在床上。约瑟夫心想，不动真格的恐怕不会奏效。他立刻去端来一盆凉水然后泼到布封的被窝里，这一招果然奏效，布封立马爬下床。在约瑟夫的种种努力下，布封终于克服了赖床的坏习惯。对约瑟夫他一直心存感激，还常说他还欠约瑟夫第三和第四卷《自然史》呢。

自从克服了赖床的习惯后，布封每天按时从早上9点一直工作到下午2点，然后再从下午5点工作到夜里9点。40年如一日，从未间断。在关于他的传记中写道："工作是他生命的第二部分，从事科学研究则是他的兴趣所在；一直到他事业的巅峰时刻，他还常常说：'自己多么希望再为事业奉献几年。'"布封是一位很有良知的作家，并且总是以最佳的方式把最珍贵的思想献给读者，他厌恶虚伪、做作、无病呻吟的写作。对于自己著作中的每一个字，他都仔细推敲，每一段文字他都认真润色，直到内容与形式完美结合——他才满意。对于《自然史的变迁》一书，他先后修改了11次。对于自己的每一部著作，他都深思熟虑，从不放过任何细节。在从事著述的50年来，一向如此。他常说：天才其实就是工作有条有理、一丝不苟。作为一名伟大的作家，他的成功得益于像蜜蜂一样永不停歇地劳作。正如麦登·勒克所言："布封的成功证明，天才就在于把所有的精力专注于某一特定的目标。当布封完成他的第一部著作时，已疲惫不堪，但他强迫自己再回到工作上来，一字一句地仔细推敲、斟酌，一直到令自己满意为止。他把这种反复推敲的过程当成一种愉快的休息，而不是令人厌烦的修改工作。的确，他的成功就是这样取得的。”

真正的智慧总是与谦虚相连

> 真正的智慧总是与谦虚相连，真正的哲人必定像大海一样宽厚。一个人懂的越多，就会认识到自己知道得太少。

还有许多从事文学创作的人，也具有这种非凡的毅力和百折不挠的品质。瓦尔特·司各特先生就是其中之一。之前的几年里，他在一个律师事务所从事抄写工作，这种工作十分枯燥乏味。但瓦尔特坚持的信念是：既然是自己的工作，我就有责任尽心尽力把它干好。他白天埋头抄写，晚上忙于看书写作。他曾开玩笑说：作为一个文人所必需的扎实稳重的而不是浮躁的品质，正是在他从事这一工作中逐渐养成的。他当时每抄一页纸能赚到 3 美分，有时一天他能抄 120 页，就能够赚到 3 美元 6 美分。很多时候，他用这点微薄的额外收入买一些零散的书籍。如果不是加班加点地干，他就没有多余的钱来买书。

瓦尔特到了晚年仍然以自己有一门职业而自豪，与有些拙劣诗人的观点不同，他认为那种愤世嫉俗、无视日常生活责任的人与所谓天才毫不相关。相反，他认为一个人花费一些时间和精力来做好一门实在的职业，有助于他在其他方面成就大业。这对于那些好高骛远的人来说，似乎尤为重要。瓦尔特本人曾担任爱丁堡议会的议员，他每天准时上班，签发各种文件，办好该办的事情，而他的文学创作时间主要在早餐前。洛克哈特说：“在瓦尔特创作的高峰期，他还得花部分时间，至少是一半以上的时间尽心尽力地履行自己的职责，对于自己的本职工作，他兢兢业业，从不懈怠。这的确是他的一个突出特点。”瓦尔特为自己定下一个规矩：必须靠自己从事的职业而不是靠“创作”来谋生。他曾说过：“文学是我的爱好，但不是我生活的全部，文学创作的收入不应该负担我日常生活的开支。因为文学是件很严肃的事，只有心血浇铸而成的作品才富有感染力，这种感染力与金钱无关。”

此外，瓦尔特非常珍惜时间，十分守时，当然，如果不是这样的话，他根本不会在繁忙的工作之余写出大量的惊世之作。他规定，除了那些必须随时回复的质询和评议外，其他所有信件，都在固定的一天给予回复。毫无疑问，这大大提高了他的办事效率。他的思想汹涌澎湃，势不可挡。他每天坚持5点起床，6点钟一切准备工作结束之后，准时坐到桌前开始写作。所有文件都整整齐齐摆在桌子上，各种参考文献也整齐有序地放在地板上，只有一条可爱的小狗瞪着明亮的眼睛望着他辛勤地工作。当10点钟家人围在桌旁吃饭时，他已完成了一天中最困难的工作。尽管瓦尔特一生兢兢业业，从早到晚勤奋地工作；尽管他学富五车，学识渊博；尽管他成就惊人，但每当谈到他的成就时，他总是谦逊地认为这不值得夸耀。有一次他说："我这一辈子，曾无数次为自己的无知和浅陋而苦恼，常常有'书到用时方恨少'的遗憾。"瓦尔特在说这话时，非常诚恳，让人很是感慨。

真正的智慧总是与谦虚相连，真正的哲人必定像大海一样宽厚。一个人懂的越多，就会认识到自己知道得太少。曾经有一名学生认为自己已"学有所成"，便向老师辞行。这位老师深谙自己学生的底细，看着这位自信的学生，这位老师感慨道："其实，在学问方面我刚刚入门。"许多肤浅的人总以为自己无所不知、无所不能，而渊博的人却总感到学海无涯，学无止境。牛顿就是如此，他评价自己说：

“我只不过是一个在大海边拾到几只贝壳的孩子，而真理的大海还未曾接触。”

非凡的毅力成就非凡的人

向着某一天终于要达到的那个终极目标迈步还不够，还要把每一步骤看成目标，使它作为步骤而起作用。

许多一流的文学家都是这样不屈不挠、辛勤耕耘的。《美丽的英格兰和威尔士》一书的作者——约翰·希顿，就是这样的一个例子。约翰·希顿出生在威尔特郡金斯敦的一个穷人家庭，由于破产的打击，他的父亲疯了，希顿也因为家庭的不幸开始了不同寻常的生活。他几乎没有接受过教育，经常过着有家难归、衣食无着、四处游逛的生活。在这期间，他染上了许多坏习惯。幸运的是他并没有被这些恶习所毁。为了生活他不得不在叔叔开的小饭馆里打工，他需要做的是，把酒装进瓶子里，塞好瓶塞，再把瓶子装入箱子。就这样，他一干就是5年。最后他的身体日渐衰弱，整日有气无力，他的叔叔果决地将他赶出饭馆，他只得四处流浪。每当约翰·希顿想到世态的炎凉，想到自己的处境，想到疯了的父亲，他就泪如泉涌。在接下来的7年中，约翰·希顿饱尝了人世间的辛酸苦辣。在自传中他写道："我花了18便士租了一间阴暗潮湿的屋子，在我生不起火的寒冬腊月，我只能躲在被子里发奋苦读。"后来他徒步到了巴斯，在那里他成了一名酿酒工。不久他又回到首都伦敦，此时他已身无分文，甚至连上衣和鞋子都没有。还好，他在一家叫伦敦餐馆的店里找到了工作，他每天在地窖里从早上7点一直工作到晚上11点。由于长期在地窖里不见天日，加上繁重的体力劳动，他的身体变得虚弱，于是他再次失去这个"饭碗"。此前，他利用业余时间练字，因此书法很漂亮，凭借一手好书法他找到一份代理人的工作，周薪15先令。工作之余，他把闲暇时间都用于逛书店。由于买不起书，他只能一段一段地背下来，经过长年累月的积累，他拥有了大量的知识。后来他换到了另外一个办公室，在那儿，他每周可挣得20先令的"丰厚报酬"。他继续埋首学习，28岁那年，他创作出《比泽奇遇》并得以发表。从那时起直到逝世的55年间，希顿一直从事文学创作。作品有87本之多，其中以《英格兰大教堂古迹》最为著名，该书共14卷，这些著作是希顿辛勤一生的丰碑，碑上刻着两个字：勤奋。

洛顿也是一位非常热爱工作的园艺专家。洛顿出生于爱丁堡一个农民家庭，他从小就热爱劳动，并且在制订计划和描摹景物方面有非凡的天赋，因此他父亲有意识地把他培养成为一位园艺专家。在当学徒期间，洛顿每周总有两个晚上要通宵达旦地学习，而白天干活的时候，他比谁都卖力。到了晚上，他便学习法语，在不到18岁的时候，他就翻译了《阿贝尔德的一生》一书。他有强烈的上进心，当他20岁在英格兰当园艺师时，他在自己的笔记本中写道："我已经20岁了，这或许已经耗费了我生命的三分之一，但我为自己的同胞做了什么有益的事呢？"这是一个仅20岁却非同一般的年轻人的写照。从法国回来以后，洛顿便开始学习德语，很快就精通此语。他这时租下个大农场，并从苏格兰引进先进的技术，不久，他赚得了一笔可观的收入。战争使田地大片荒芜，为了学习外国的园艺和农艺生产，他两次出国考察，并把考察结果一一刊登在一本大百科全书上。这是同类中最突出的著作之一，由于作品含有大量的实用信息，因此被许多实业界人士和劳工收藏。这是极少出现的现象。

苦难中，也不要放弃努力

在事业终结之时，萨缪尔颇有感慨地说：“我出生于社会的最底层，深知底层人民的苦难，因此，我凭借自己的勤劳、节俭和高尚的道德，尽我所能使我的家庭拥有一定的社会地位。在我的努力之下，我终于获得了成功。”

萨缪尔·德鲁的职业生涯像我们前面提到的同样出色，同样精彩非凡。萨缪尔·德鲁的父亲在康瓦尔的圣·奥斯特靠卖苦力养家，尽管家境贫寒，他还是尽力让两个孩子到学校接受教育。老大杰伯兹学习刻苦，进步很快，而年幼的萨缪尔却调皮捣蛋，不肯认真学习。因此在萨缪尔·德鲁8岁左右的时候，家里决定让他去做些体力活来补贴家用。他先是在一个每天挣不到4便士的锡矿厂淘矿，10多岁时，他又开始学习修鞋。这些经历让他吃够了苦头，正如他所说：“我的生活就像犁地下的癞蛤蟆。”他想逃避痛苦的生活，便去做海盗或者类似的职业。随着年龄的增加，他行动似乎越来越鲁莽。在打家劫舍中，他往往是头目，他喜欢参加偷猎或走私活动。17岁左右，在修鞋的学徒期未满之时，他就不辞而别。他来到军队，晚上就睡在野外的干草堆里，最后他冷得忍受不了，无奈只得回去重操旧业。

很快，他来到朴茨茅斯经营制鞋生意，随后在卡莎德他幸运地获得了一笔棍棒比赛奖金。他当时每周能赚到8先令，但他觉得这太少了，他想挣大把的钞票，加上天性冒险，于是他只有铤而走险——走私，但这让他差点送了命。据说一天晚上，消息传遍卡拉福特：走私船快到岸了，要装运货物。那个地方的成年男性几乎都是做走私生意的，他们已准备好货物，只等船来。船一到，一部分人留在岸上放哨并装运货物，另一部分人在海上操纵船只，萨缪尔就在其中。那天晚上天黑如漆，刚开始装货时，就狂风大作，巨浪滔天。但船上的人咬紧牙关，决定挺住。这时，萨缪尔待的那条船上，有个船员的帽子被风吹掉了，在大伙为他抓帽子时，船翻了，上面的人全部掉到海里。其中的三个人立即被海浪卷走了，其余的则紧紧抓住船打算缓口气，但这时他们发现船正飘向大海深处。大伙只得弃船逃命，此时他们离岸边还有两英里，由于天黑辨不清方向，经过3个小时的苦苦挣扎，萨缪尔和其他两三个人终于摸到了岸边的礁石。在那儿，他冷得瑟瑟发抖，后来整个身体都麻木了。直到天亮才有人发现他们，只有少数人幸存下来。有人从货船上搬来一桶白兰地，用斧头劈开桶盖，给幸存者每人倒了一碗酒。喝下酒后，休息了一会儿，萨缪尔才精疲力竭地在齐膝深的雪地里步行了两英里，回到自己的住所。

萨缪尔最初的人生毫无希望，他从事着偷果园、修破鞋、舞弄棍棒和走私等活动。然而，成年后的萨缪尔却令人意外地成为传播福音的牧师，并写下了许多优秀作品。正可谓“亡羊补牢，未为晚也”。后来，萨缪尔决心洗心革面，把旺盛的精力用到正道上来。他随着父亲回到了圣•奥斯特，并在那里找到一份制鞋的工作，计日领取报酬。也许上次走私的经历使他开始认真对待生活，不久，他深深地迷上艾姆•克拉克博士充满说服力的布道。此时唯一的兄长也离他而去，这更使他伤感不已。萨缪尔决心开始学习，可是他发现自己早已忘了如何读写。经过几年苦练后，一位朋友甚至开玩笑说：萨缪尔的字就像是掉到墨水瓶的蜘蛛在纸上爬过一样。后来，萨缪尔深有感触地说：“书读得越多，我觉得自己越无知；我觉得自己越无知，就越想读书，我在闲暇之余总是读书。为了工作出色，我用来读书的时间十分有限，但办法总是有的。我经常利用吃饭的空儿读书，一顿饭下来，能看五六页。读完洛克的《论知识》后，我茅塞顿开，感到一种前所未有的感悟，从此，我决心彻底抛去那种沾沾自喜的、卑躬屈膝的想法，靠自己的双手养活自己。”

萨缪尔决定经营自己的生意，但他只能到处借贷，原因是他的手头只有几先令资本。附近的一位磨房老板见他意志坚决，就提供给他一笔贷款。萨缪尔立刻将这笔钱投入生意，并悉心经营，真是天道酬勤，年底他就全数还清了贷款。萨缪尔决定从此不亏欠任何人，他极力节制自己，不在生活用品上浪费一分钱，为了不举债，他总是不吃晚饭就上床睡觉。他发誓要靠自己的勤劳和节约自立，不愿再依赖任何人，他慢慢地做到了。此外，萨缪尔一边从事繁重的体力劳动，一边努力充电，他如饥似渴地学习了地理学、历史学和逻辑学。他之所以后来选择从事布道工作，主要是因为在这方面需要的知识要少些。萨缪尔说：“当然这也是一条荆棘之路，但一旦我下定决心，就绝不回头。”

另外，萨缪尔非常热衷于政治，因此，他的小店就成了当地政客的聚会之所。如果他们不主动上门，萨缪尔就主动去找他们商讨公共事务，这占去了萨缪尔许多宝贵的时间。为了弥补这“浪费的时间”，他常常工作到深夜。他的政治热情成了村民的谈资，由此还闹出了笑话。一天深夜，他正在店里敲敲打打，一个小孩看见店里有灯光，就扯着嗓子对着锁孔尖叫：“制鞋工，制鞋工，白天瞎逛，晚上补工。”萨缪尔把这件事告诉了一位朋友，那位朋友问道：“你怎么不把那小子揪进去？”“没必要。现在就是天塌下来我也不会惊慌，我当时把手头的活停下来，对自己说：‘没错，他的话有道理，可是，我决不会让他再那么说我一次。’对我而言，那次小孩的尖叫真是圣言，它一辈子都在我心中回响。那件事告诉我，今日事今日毕，不能拖到明天。”

萨缪尔就此抛开了一切政治活动，全身心地投入自己的工作。他再也没让自己被政治活动打扰，一有闲暇就学习和研究。为了学习，他不得不放弃许多休息时间，但从不因此而耽搁工作。后来，萨缪尔移居美国，那是在他结婚成家后，在那儿他还是不间断地学习。他的最初文学作品主要是诗歌，从保存下来的部分作品看，它们对寓于人类中那些珍贵而不朽的精神作了深深思考，因而他的诗歌中洋溢着一股奋发向上的昂然之气。厨房就是他的书房，妻子的一台管风琴的风箱则成了他的书桌，在孩子的吵闹声中，他奋笔疾书。那时，潘恩的《理性时代》已经出版，并引起一场不小的轰动。萨缪尔这时写了一本小册子批驳潘恩的观点。后来他常说，正是《理性时代》促使他认真思考，并成为一位名副其实的作家。从此，他一发不可收拾，接连写出了几本小册子，但这依然是在他制鞋为主的业余时间写成的。几年后，他的成名作《论人类灵魂的不朽》出版发行，并得到20英镑的稿酬。这在当时已是一笔巨款，后来该书再版了几次，一直广获读者赞誉。

像许多年轻的作家那样，萨缪尔也因为巨大的成功而丧失了前进的动力。人们经常看见他在门前扫大街，或在寒冷的冬天帮徒弟搬煤。他不再把文学创作当作自己谋生的职业，他现在最关心的是依靠自己的经营过一种踏实的生活，而文学上的成功在他看来只不过是闲暇时撞上的大运罢了。然而，后来他还是全身心地投入到了卫理公会的文学事业中。卫理公会发行好几种宗教教义方面的杂志，萨缪尔负责监督和管理工作。他经常在《折中主义论坛》上发表文章，还编辑出版了几本关于他家乡——科恩威尔地区珍贵史料的书。在事业终结之时，萨缪尔颇有感慨地说："我出生于社会的最底层，深知底层人民的苦难，因此，我凭借自己的勤劳、节俭和高尚的道德，尽我所能使我的家庭拥有一定的社会地位。在我的努力之下，我终于获得了成功。"

成功，是给坚持者的回报

成功不是必然的，但努力是必须的。

约瑟夫·休谟从事着完全不同的职业，但他同样具有百折不挠的精神。休谟资质平平，但他异常勤奋、诚实。他的人生格言是“百折不挠”，并且终身践行。在休谟很小的时候父亲就去世了，母亲靠在蒙特罗斯开的小店养家糊口。后来，母亲把休谟送到一位外科医生那儿学习医术。毕业后，他以外科大夫的身份去过印度几次，后来他在东印度公司获得从业资格。由于休谟工作极其勤奋并且脾气好，他获得了上司的赏识，上司认为他能够担当重任，因此，不断地提拔他。1803年马哈特战争爆发，休谟随鲍威尔将军出征。在战斗中，翻译员意外牺牲，由于休谟学习并掌握了当地语言，遂被命令接替死去的翻译员的工作，后来他又当了医疗队长。然而，这些工作对他来说还远远不够，他又兼职出纳员、投递员，在这些工作岗位上，休谟都干得兢兢业业。此外，他还负责军需品采购，这一美差给军队和他个人都带来极大的好处。10 年后，休谟带着一笔财富回到了英国。他回国后的第一件事，就是出资帮助家乡的贫困者。

可是，休谟从来不是那种成功之后贪图安逸之人。工作和劳动对他来说，就是快乐和幸福。为了掌握国家和同胞的实际状况，他遍访了英国的每一个城镇，此时，英国的制造业已享有盛名。同时，为了了解其他国家的情况，他多次出国游历，拓展视野。休谟于 1812 年回到英国，之后，他进入国会当了议员。除短期中断外，他连任了 34 年。据史料记载，他的第一篇演说是关于公共教育问题。在漫长而令人尊敬的职业生涯中，休谟一直十分关注公众教育及其他社会问题，比如改善犯人条件的刑法改革、银行储蓄、自由贸易、经济发展与艰苦奋斗、扩大民权等问题。对于这些有益公众的问题，他全身心投入，到处奔走呼吁，他依旧像年轻时那样全力以赴，不遗余力。他并不是一个伟大的演说家，但他的话句句坦率、单纯、真诚、值得信赖。

事实是一个人品质的最好的试金石，这话很适用于约瑟夫·休谟。因为没有人像他那样受到各方面的种种嘲笑，但他对此充耳不闻，坚守在自己的工作岗位上不为所动。他常常受到各派的打击，人们并未发现他所起的力量和作用。但是，就在冒着被选民攻击的危险情况下，他推动了金融改革。休谟有超出人们想象的巨大工作量，他每天早上6点起床，处理来信，然后准备提交给议会的报告；早餐后开始接待来访，经常一个上午要接待20人之多；他总是准时参加议会会议，有时候会议延迟到下午两三点，但他从不早退。月复一月，年复一年，他无数次以优势票数当选，但也因此不断遭到打击、排斥，甚至冷言恶语的讥讽。许多时候，他孤立无援、形单影只。面对挫折和失意，他谦和刚毅，顽强坚韧，从不气馁。每当自己的建议越来越多地被采纳时，他总是忍不住老泪纵横。正如休谟传记所描写的那样，他是人类坚忍不拔的品质的最好的典范。

第三章

力量与勇气，足以撬动整个世界

我越来越体会到，人与人之间、弱者与强者之间、大人物与小人物之间最大的差别就在于意志的力量，即所向无敌的决心，一个目标一旦确立，那么，不在奋斗中死亡，就在奋斗中胜利。

决心，是一切的基石

在人类对价值的追求中，坚韧不拔的决心是一切真正伟大品格的基石。

古代某位斯堪的纳维亚人在其一篇著名演讲中，深刻地总结了条顿人的性格特征。他说：“我既不崇拜偶像，也不信奉鬼神，我唯一相信的就是自己肉体和精神的力量。”一则充满智慧的古老格言——“要么我去遵循一条别人走过的路，要么我自己另辟蹊径。”充分描绘了日耳曼人独特的个性特征，时至今日，这仍然是他们后裔与其他民族的差异之处。

一位声名显赫的法国人在他的朋友建议到某地定居和购置土地时，他精练地描述了当地居民的个性特征。他说：“到那儿做生意你需要加倍小心。我了解那儿的人，从那儿到巴黎兽医学校求学的学生，在解剖实验中都不敢用力敲击动物的砧骨，因为他们缺乏力量。如果在那儿投资，你得不到令你满意的回报。”这段深思熟虑的话，表明了对性格特征所作的准确观察，这也极其有力地证明这样一个事实：是每个个体的力量使国家变得强大，也是每一个个体赋予他所耕耘的土地以价值。就好像一句法国谚语所说的：“人类的力量就是土地的力量。”

耕耘作业中最重要的是作物的质量，而在人类对价值的追求中，坚韧不拔的决心则是一切真正伟大品格的基石。人们因为有力量才能够克服种种困难，完成单调乏味的工作，忍受其中琐碎而又粗糙的细节，从而使自己顺利通过人生的每一驿站。也正是因为各种令人沮丧和危险的磨炼，才造就了天才。在任何追求中，达到成功最重要的因素就是追求的目标。目标不仅能激发人们为之奋斗的潜力，而且还会产生充满活力、不屈不挠为之奋斗的意志。因而，意志力可以定义为人们性格中的中心力量。意志力就是人类本身。它是人们行动的推动力，是人们种种努力的灵魂，是人们真实希望的基础。正是它使得生命芳香弥漫。在战争期间，一个修道院的破头盔上铭刻着一条格言：“希望就是我的力量。”这一格言可能与每个人的生活紧密相关。赛亚克的儿子说：“懦弱使人悲哀。”的确，坚定果敢的性格是人生中最重要的财富。即使我们的努力最后惨遭失败，我们也会因为意识到自己已经尽心尽力，而深感欣慰。在庸碌无为的生活中，没有什么比看到与困难奋勇抗争，或者看到一个人满身鲜血、四肢受损，却奋勇前进，更为令人欢呼喝彩、美丽壮观的事情了。

如果年轻人的愿望和要求不能及时地付诸行动并成为现实，就会使他们精神颓废。然而，我们必须认识到，要达到目标就必须像许多人那样，不仅需要耐心地等待，而且还必须坚持不懈地奋斗和百折不挠地拼搏。一旦目标得以确定，就必须迅速地付诸实施，并且坚定不移。大多数情况下，人们总是认为愉快地从事枯燥乏味的工作，是最有益于人身心健康的磨炼。阿勒·歇富尔说："只有精神或肉体的劳作才能结出硕果。努力，努力，再努力，这就是生活。我可以骄傲地说，我做到了这一步，没有什么能够动摇我的信心和勇气。一般而言，如果一个人具有强大的精神动力，另外还有一个高尚的目标，那么他便一定能将自己的梦想变为现实。"

休·米勒认为使他受到全面教育的唯一的学校就是"世界范围的社会这所学校，在那儿，艰难困苦是最为美丽又最为崇高的老师"。那种总是寻找借口推脱工作、逃避责任的人终究会失败，而如果我们将任何工作都认真对待，我们就会欢快而迅速地将它完成。瑞典的查尔斯九世在年轻的时候，就是意志力的坚信者。每当儿子遇到困难的时候，他总是摸着儿子的头大声说："勇敢去做吧，你会做好的。"像其他习惯一样，勤奋用功的习惯也容易慢慢养成。因此，任何资质平庸之人，只要全身心地、不屈不挠地投入工作，他一定会取得许多收获。福韦尔·柏克斯顿深信成功来源于工作方法和勤奋刻苦，他坚信《圣经》的训诫："无论你做什么，你都要全力以赴。"他把自己的成功归因为遵行"在一定时间内竭尽全力地做一件事"。

没有勇敢艰苦的奋斗，就难以获得真正有价值的成就。人们习惯于将自己的成功归功于遇到困难时意志的积极奋斗，即所谓的努力。但令人惊讶的是，许多看似绝无可能实现的结果，经过人们的努力，最终竟出人意料地成为现实。强烈的预感能将可能变成现实，我们的期望往往就是事情的先兆。另外，胆小懦弱、犹豫不决者总是认为每件事都不可能，原因是看上去就是这样。据说，有一名常常在自己的公寓附近散步的法国军官，他在散步的时候总是喜欢叫道："我要成为法国的元帅，成为一个伟大的将军。"谁说不是这种强烈愿望使他成功的呢？后来这个年轻军官确实成了一位著名的统帅，他死前已是法国的元帅。

《怪人》的作者沃克先生，对意志的力量笃信不疑。据说有一次他生了病，他便说我要康复，结果很快就痊愈了。当然，这可能是种巧合。要说精神的力量超出身体的抵抗力，这是可疑的。身体彻底垮了，精神就会崩溃。据说摩尔人的领袖莫利·摩鲁克得了绝症，在其奄奄一息、卧病在床之际，战争爆发了。在这千钧一发之际，摩鲁克从病床上一跃而起，集结军队，带领他们浴血奋战，最终大获全胜。然而，摩鲁克也因劳累过度，很快便与世长辞。

意志的力量

> 对我们来说，意志并不很难形成，因此，应该学会培养坚强果敢的意志，使自己的生活稳定，别让它再像凋零的落叶，四处飘零。

正是人的意志，即对目标的渴望，使人们能够如愿以偿。虔诚的信徒总是这样说："无论你想要什么，你都能得到，因为这就是我们意志的力量，上帝与我们同在。无论我们想成为什么样的人，只要认真去做，最终我们会如愿以偿。如果一个人没有成为一个谦虚谨慎、耐心细致或自由自在的人这种强烈愿望，那么，他将无法实现自己的意愿。"曾经有个木匠，有一天他异常细心地给一个官员修理椅子，当有人问他原因时，木匠说："我希望这把椅子经久耐用，直到我可以坐到上面的那天。”说来奇怪，此人后来果真成了一名官员，坐上了这把椅子。

不管逻辑学家从理论上得出什么结论，对于意志自由问题，每个人都会感觉到，他可以自由无束地在善与恶之间进行选择。它不是一根判断水流方向的稻草，而是一位游泳好手，它能够劈波斩浪、勇立潮头，并在很大程度上自己掌舵。我们的意志不受任何方面的完全控制，在行动中，我们能感觉到也能清楚地认识到我们的意志不被控制。否则，我们所有的良好愿望都会化为泡影、无影无踪。虽然我们整个的事业和生活方式与家庭准则、社会公信和公共制度密切相关，但是事物的发展表明意志是独立自由的。

如果意志受到控制，还有什么责任可言？教育、忠告、布道、谴责和改正又有何益？如果人们不把法律当作普遍信念，不把它作为自己作出的决定来共同遵守，那么，法律又有何用呢？在我们一生中的每一时刻，我们的良心表明我们的意志是自由的。它是完全属于我们自己的唯一东西，也完全在于我们自己的选择，不管我们是否赋予它正确的导向。习惯和诱惑不是我们的主人，相反，我们才是它们的主人。

有一次，莱孟内斯劝诫一个青年说：“现在，已经到了你自己该拿主意的时候了，否则，将来有一天，你会深陷于自掘的坟墓之中而痛苦哀号，因为那时你无力推开自己的墓门。”对我们来说，意志并不很难形成，因此，应该学会培养坚强果敢的意志，使自己的生活稳定，别让它再像凋零的落叶，四处飘零。

柏克斯顿深知年轻人总是意气用事，随兴所致，除非他已下定决心并能持之以恒。在给一个孩子的信中，柏克斯顿写道："现在已经到了该对自己的人生方向作出选择的关键时刻，你必须制定出抵御不良影响的原则，形成坚定的决心和意志力。否则，你就会陷入无所事事、漫无目的和效率低下的习惯和性格中，一旦你沦落至此，你就很难再振作起来。年轻人总是容易意气用事，随心所欲。我就曾经这样……我生活中的大多数乐趣和成功就来源于我在与你现在相仿年龄时所作的转变。如果你现在郑重其事地做出决定，要成为一个勤勉用功的人，那么，在你的整个人生中，你就会感到欣慰和愉快，因为你作出了正确的决定，而且坚定不移地付诸行动。至于意志，如果不考虑方向，它就体现在持之以恒、坚定不移和百折不挠等方面。但是，显而易见，任何事都取决于正确的方向和良好的动机。如果一个人只追求感官的快乐，那么，坚强的意志可能是可怕的魔鬼，而聪明的才智只不过是其卑微的奴仆。相反，如果一个人追求真善美，那么，坚强的意志就是造福人类的君主，而聪明才智就是对人类有益的侍臣。"

决心的力量是无穷的

> “最真实的智慧就是果断的决心。”这是拿破仑的座右铭。

有一句流传已久的谚语——“有志者，事竟成。”这句谚语是十分准确的。一个人如果下定决心做某事，那么他就会凭借这种决心，越过途中的种种障碍，成功就有了坚实的保证。一个相信自己能够成功的人，往往终会成功，成功的决心就是成功的本身。因而，坚定的决心往往具有无穷的威力。苏瓦诺性格特征的力量就在于他的意志的力量。和大多数性格坚强的人一样，他对意志的力量高声赞扬。他总是对失败者说：“你没有完全的决心。”与黎塞留和拿破仑一样，在苏瓦诺的字典里没有“不可能”一词。“我不知道”、“我无能为力”和“不可能”是苏瓦诺最为憎恨的几个词，他会大声地说："去学习，去实践，去尝试。"他的传记作者曾经说："他为世人树立了一个光辉的榜样，证明了实践和锻炼会对人生带来怎样的影响，而它们的萌芽就在人的内心深处。"

"最真实的智慧就是果断的决心。"这是拿破仑的座右铭。其非比寻常的一生也生动地展示了无所不能的强大意志所能够产生的辉煌。拿破仑全身心地投入到工作当中，他使一个个无能的统治者及其国家在他面前崩溃。有一次，有人报告说，阿尔卑斯山挡住了军队的去路，拿破仑说道："我没看见阿尔卑斯山。"于是，一条通过西普隆德岛的道路很快被开凿出来。"那地方之前几乎不可攀越。"有人这么说。"不可能，"拿破仑说，"这是在无能之人的字典中才能找到的字眼。"拿破仑的精力极其旺盛，有时候必须要四个秘书同时待命，每个秘书最终都被折腾得精疲力竭，甚至他自己也不例外。他的精神深深地感染了其他人，给其他人的生命注入了新的活力。拿破仑曾经说："我的将军们是从泥潭里锻炼出来的。"拿破仑的一生给世人留下了深刻教训。如果权力不是用来造福人类，不管它被如何精彩地运用，给人民带来的只是无尽的伤害。同样，知识和才智，如果没有美德为伴，那么，它们也只不过是凶残恶魔的帮凶。

责任，成就伟大的品格

尽管惠灵顿的脾气有些暴躁，但是，强烈的责任感使他尽量克制自己，尤其对待身边的工作人员，他总是抱着一颗忍耐之心。

惠灵顿将军的确是一位令人尊敬的伟大人物。他不缺少拿破仑的坚毅果敢、持之以恒和百折不挠的精神，除此之外，他还具有自我克制、勇于承当责任和强烈的爱国精神。这正是拿破仑所缺少的。拿破仑的目标是“荣誉”，而惠灵顿将军的口号和英国海军大将——纳尔逊一样，是“职责”。据说“荣誉”一词在惠灵顿将军的命令中从未出现过。相反，“职责”一词在他的命令中常常出现。任何苦难都不能使惠灵顿尴尬不安、畏惧退缩，相反，越是具有挑战性的困难，他的斗志也就更高昂。在伊比利亚半岛的战争中，他克服了足以让人发疯的苦恼和令人难以想象的困难，他所表现出来的耐心、毅力和决心堪称历史上的最伟大的奇迹之一。在西班牙，惠灵顿不仅展现了他的军事天才，而且还显露了作为政治家所具有的综合才能。尽管惠灵顿的脾气有些暴躁，但是，强烈的责任感使他尽量克制自己，尤其对待身边的工作人员，他总是抱着一颗忍耐之心。他的伟大人格在其雄心壮志、决不贪婪和豪情满怀的衬托下光芒四射。尽管伟大人物总是个性极强，然而，在许多方面他们资质超凡。拿破仑就是如此，作为将军，他和克莱弗一样思维敏捷而又精力旺盛；作为政治家，他和克伦威尔一样充满智慧，和华盛顿一样纯洁高尚。伟大的惠灵顿将军之所以能青史留名，在于他能在极其艰苦的环境中灵活巧妙地指挥战斗，在于他毫不动摇的坚韧精神，在于他英勇无畏、自我忍耐的美德。

力量，源自于果敢和决心

> 他宣称，他之所以能够打败奥地利人，是因为奥地利人不明白时间有多么宝贵，在他们磨磨蹭蹭的时候，他便攻其不备，一举击败了他们。

在反应敏捷和果断决策中常常能体现力量的存在。当勒德亚德被非洲协会问及什么时候准备就绪，向非洲进发时，他脱口说道："明天早上。"布鲁彻也因反应灵敏，在普鲁士军队中获得了"先知元帅"的绰号。另外，约翰·杰维斯，也就是后来的圣·文森特伯爵，当年有人问他何时回归舰队时，他回答："立刻动身。"当克林·坎贝尔被任命为印度军队最高统帅时，有人问他什么时候赴任，他答道："明天。"这是他后来建立赫赫战功的基础。因为战争的胜利，往往在于抓住敌人的失误空隙，果断决策，迅速行动。拿破仑说："在阿科纳，我用25个骑兵赢得战争。我在敌人疲乏之际，给这25人25只喇叭，让他们整日地吹。两军交战就像二人搏斗，彼此都力图从气势上压倒对方。这时，敌军出现了短暂的惶恐，我便抓住这个有利时机，主动出击而赢得胜利。"另外一次，他指出："机不可失，失不再来。贻误了战机，就会一失足成千古恨。"他宣称，他之所以能够打败奥地利人，是因为奥地利人不明白时间有多么宝贵，在他们磨磨蹭蹭的时候，他便攻其不备，一举击败了他们。

让梦想成为激情

> 梦想化作激情，深深扎根于他的生活之中。从孩提到成人，他都以一种平静的心态和不屈不挠的意志力去追求他的梦想，这可能是他的显著特性。

19世纪，印度成了英国的殖民地。在印度的立法和战争中，有一长串令人尊敬的杰出名字，如韦尔斯利、梅特卡夫、奥特伦、科勒内尔·爱德华兹和劳伦斯。而沃伦·赫斯廷斯是另一个伟大而又声名狼藉的代表，他具有百折不挠的坚强意志和不知疲倦的非凡精力。他的祖先曾是名门望族，但是，在斯图亚特王朝时期，这个家族并没有因为忠心而得到相应的回报，相反，却从此开始衰败。这个家族的后代在德勒斯福德做了数百年的庄园主，但是，最后连房产都被他人掠夺了。赫斯廷斯家族在德勒斯福德居住的最后一代——沃伦·赫斯廷斯的祖父，推荐他的第二个儿子为教区牧师。多年之后，沃伦·赫斯廷斯就出生在他祖父的这座住宅里，在庄园的学校里，他和农民的孩子们一同读书学习；在他的先人的田野上玩耍嬉戏，这时忠诚和勇敢开始在这个孩子的头脑里生根发芽。他幼小的心灵开始雄心勃勃，据说在赫斯廷斯还不满 7 岁的一个夏天，他躺在庄园旁的河流的岸边上暗暗发誓，一定要收回这份祖业。当时，这只是一个小孩的天真幻想，然而，他最终却实现了这一幻想。梦想化作激情，深深扎根于他的生活之中。从孩提到成人，他都以一种平静的心态和不屈不挠的意志力去追求他的梦想，这可能是他的显著特性。这个孤儿后来成为那个时代最具影响力的人物之一，他恢复了门第的昔日风光，赎回了祖辈的地产，重建了家园宅第。历史学家麦考莱评价说："在热带的阳光之下，他统治着 5000 万亚洲人。他非常关心战争、金融和立法等，对德勒斯福德仍然不能忘怀。多年的政治生涯令他时善时恶，人们对他毁誉参半。最后他告别政坛，隐居在德勒斯福德，直至去世。"

好的品格，可以助你赢得每一场战斗

领导的最伟大艺术就是和其他人平等地分担工作。作为一名军队将领，如果他不全身心地投入工作，那么，他就难以取得胜利。

查尔斯·纳皮尔爵士同样也是一位曾在印度执政，有着过人胆识和非凡意志的人。在谈及一次战斗中的困难时，他说："它们只不过让我的脚在泥土里陷得更深一点而已。"他指挥了米亚利战役，这是战争史上的壮举之一。当时纳皮尔的军队只有2000人，其中有400名是欧洲人，然而，他面对的是35000人的强大兵力，而且是一支装备精良的比罗基人劲旅。显而易见，和如此强大的军队作战显得极其勇敢，甚至有些鲁莽。但是，纳皮尔相信自己，他带领部队迅速冲入比罗基军队中，抢占了一座高堤，作为战斗堡垒。这次战斗打得十分惨烈，在持续 3 个小时的战斗中，在纳皮尔的鼓励下，每个将士都英勇顽强、奋勇杀敌，虽然比罗基人的人数以 20 比 1 占据绝对优势，但是，结果却出人意料，他们被打得溃不成军，节节败退，四处窜逃。正是英勇无畏的气势、坚忍不拔的精神和百折不挠的毅力，使纳皮尔赢得了这场战争。其实，战中艺术总是如此。比赛中往往是一步领先就赢得整个比赛，而这一步显示了力量；战争中往往是多一次行军就大获全胜；战斗中往往是多坚持了 5 分钟拼杀的勇气和毅力就赢得了整个战斗。尽管你与对方的力量相差悬殊，但只要你多坚持一会儿，力量更集中一些，你就有可能和对方平分秋色，甚至打败对方。对抱怨手中的剑太短的儿子，斯巴达的父亲说："你往前一步，你的剑不就长了一尺了吗？"

纳皮尔身先士卒，以英勇顽强的精神激励士气，他的方法无疑是正确的。在军队中，他和所有士兵一样认真努力工作。他曾说："领导的最伟大艺术就是和其他人平等地分担工作。作为一名军队将领，如果他不全身心地投入工作，那么，他就难以取得胜利。麻烦越多，就要付出更多的劳动；形势越危险，就要显示出越大的勇气，直到问题全部解决。"一位曾在卡奇山战役中跟随纳皮尔的年轻军官发表评论道："当我看到这样一位老人还不停地在马上纵横驰骋时，我就想我这么一个年轻力壮的小伙子，怎么能犹豫害怕呢？只要他一声令下，即使钻进装有炮弹的加农炮的炮筒，我也会毫不迟疑。”后来，这句话传到了纳皮尔的耳朵里，他欣慰地说：“这是对我付出辛勤劳动的最好回报。”

有一个纳皮尔和印度魔术师见面的故事，生动地刻画了他性格中懦弱的一面，但是也展现了他性格的淳朴和诚实。在印度战争后的一天，一位著名的印度魔术师来到纳皮尔的军营，为他、他的家人以及全体官兵表演节目。其中的一个节目是：魔术师令助手手托树枝或柠檬，然后手执宝剑，一剑劈下将树枝或柠檬一分为二，而他的助手皮肉未伤。纳皮尔认为这是魔术师和助手串通一气欺骗观众，虽然在苏格兰诗人和小说家司各特的传奇作品《法宝》中有过这样的故事描述，但是，纳皮尔坚持认为这是不可能做到的。为了弄清楚原委，纳皮尔伸出右手，要求用自己的手亲自验证。魔术师仔细打量了他的手，认为他不适合这个实验。纳皮尔生气地大声说道：“我认为我应该揭穿你们！”“不过，别急，”魔术师不缓不急地说，“让我看看你的左手。”纳皮尔伸出了他的左手，魔术师看了看，然后坚决地说：“你的手稳住别动，我来劈给你看。”“为什么只能用左手而不能用右手呢？”纳皮尔疑惑地问。“因为你的右手是凹形的，手心空着，这样，大拇指就有被割掉的危险；而你的左手心突出一些，这样危险就小一些。”纳皮尔听后感到胆战心惊。后来纳皮尔说：“我被吓住了，因为我明白这场表演的确是货真价实的节目。如果我没有当着部下的面指责这位剑客，我会很真诚地向他道歉。事已至此，我只得将树枝放在手上，然后平稳地伸出胳膊。魔术师调整了一下呼吸，然后举起剑迅猛劈下，树枝一分为二。我感到了剑刃就像一根冰凉的丝线从手中一滑而过。后来我才领悟，原来，那些在米亚利被我们打败的印度剑客竟如此勇敢。”

不畏缩后退，勇敢面对一切

> 那些勇士丝毫不被面前的艰难处境所阻挠，他们以崇高的韧性坚持着，战斗着，直到大不列颠的旗帜又在德里城墙上空迎风飘扬，他们才稍作休息。

最近发生在印度的可怕的战争，清楚地表明了这个民族具有坚强的意志和自力更生的力量。尽管英国的官僚主义常常会因为愚蠢而铸成大错，但是，印度人民总是以一种大无畏的英雄主义，开辟一条民族解放的道路。1857 年 5 月，印度的人民爆发了起义，而此时，印度只有少数的英国驻军，并且还散布全国各地，其中大部分的分队都驻扎在边远的营地。孟加拉人民此时也展开了一连串反对政府的斗争，他们纷纷离开国家，冲向印度的德里。印度各省市相继发生叛乱，呼救声充斥着街道的任何一个角落。所有的英国军队被逼得走投无路，他们被围攻，毫无抵抗能力。此刻，对英国人而言，他们已经一败涂地。以前就有人曾说过：“这些英国人从没想过他们会被击败。”

当暴动还未全面爆发的时候，英国王子霍尔喀曾询问一位占星学家。这位星相家回答说：“除非杀死所有的印度人，否则他们就会继续战斗，直到夺回属地。”

事态发展到后来，即使在卢克罗这样的地方，英国士兵和平民也被印度武装分子包围在城市和郊区里。但他们没有说过一句绝望的话，也从来没有想到过放弃。尽管与自己军队已经失去联络数月，尽管不清楚外面的暴乱是否已被平息，但是，他们对英国军民英勇顽强的毅力和敢于献身的爱国精神深信不疑。他们坚信只要印度境内的英国人团结起来，他们就不可能被轻易消灭，除了摆脱不幸处境和取得最后的胜利，他们别无想法。并且他们决定，如果形势不尽如人意或更加恶化，他们就会以身殉国。在这儿有必要提及哈维洛克、英格里斯、尼尔等人，这些人是真正的英雄，他们每个人都具有骑士的精神、信徒的虔诚和殉道者的品质。蒙塔伦伯特曾经评价他们说：“他们是人类的荣耀。”但是，这场可怕的战争证明，无论妇女、平民或是士兵，都同样伟大。这些人都是一些极为普通的人，就像我们日常生活中在家里、街道、车间，在田野上和俱乐部所遇到的普通人一样。然而，当灾难降临时，所有人都表现出英国人民的智慧和非凡的力量。蒙塔伦伯特说："他们之中没有一个人畏惧退缩。不管是军队还是市民，不管是青年还是老人，不管是将军还是士兵，所有人都在坚决抵抗，顽强战斗。面对死亡他们面不改色，英勇就义。正是在这种情景之中，公共教育的极大价值才熠熠生辉。正是公共教育使英国人从小就懂得，要利用自己的力量和自由，团结同胞、英勇顽强、无所畏惧，通过自身的努力，把自己从各种艰难险阻中拯救出来。"

据说，德里市被占领后，印度因为约翰·劳伦斯爵士的人格力量得以保存。在印度西北各省，"劳伦斯"这个名字就代表着力量。他具有高度的责任感、工作热情和勤奋努力，他的精神激励着每一个在他身边的人。有人甚至说，劳伦斯的人格力量足以抵得上一支部队。事实上，这句话也同样适用于劳伦斯的弟弟——亨利爵士，他把旁遮普的军队组织起来，在攻克德里的战斗中发挥了突出的作用。他们永远活在人们心中，永远都在强有力地影响着人们。正如科勒内尔·爱德华兹所说那样："他们在施政中表现出来的诚实守信和总结的经验，至今仍然是一笔宝贵财富，他们是年轻人心中的榜样。"约翰·劳伦斯的身边有一大批如蒙哥马利、尼科尔森、科顿和爱德华兹这样的杰出人才。这些人和他一样具有反应敏捷、决策果断并且精神高尚的品质。其中的约翰·尼科尔森就是这种高尚品质的典型代表。国内的人评价他说："他就像一名学者，是一个非常可靠的人。"因为不论做什么，他都会全神贯注，不遗余力。在每一个他所涉猎的领域，他都表现出杰出的才干。其中有一群遭到尼科尔森惩罚的骗子对尼科尔森十分尊敬，他们仍然崇拜他的人格魅力。有一件事充分体现了他那旺盛的精力和坚韧不拔的意志。一次，他为了捉拿印度叛兵而马不停蹄地奔波了 20 个小时，但是为了追赶那第 55 个叛兵，他又跑了 70 多英里。这时旁遮普人民已对劳伦斯和蒙哥马利极为钦佩和信任，原因是敌军占领了德里城的时候，在旁遮普人民的支持下，劳伦斯和蒙哥马利竭尽全力维持自己辖区的秩序，召集来自各方面的力量，对德里发起全面猛攻。当尼科尔森的部队向德里急行军时，他写信给指挥部，"要在德里城前紧紧牵制住叛乱者"。后来，一个跟随尼科尔森的锡克教徒在他的墓前痛哭，他说："当时，马蹄声数里之外都能清晰地听到。"

英勇的英格里斯在与敌军对峙了 6 个月之后，指挥军队与 20 万的敌军展开搏斗，英军只损失了 32 人。尽管这一战斗非常引人注目，但是，最辉煌的战果是对德里的包围和猛攻。在德里，英国人看似是围攻者，但实际上他们才是真正的被围者。这些人数极少的英国军队驻扎在一个开阔地带，他们每天都要经受叛军的袭击。有一次，叛军的人数多达75000人，这些叛军曾经在英国军官的指挥下接受欧式训练，另外，他们有充足的军需品。而英勇的英国军队只能忍受着炎炎烈日，坐在空旷的城下，死亡、伤残和疾病时刻威胁着他们，但他们绝不放弃自己的目标。敌人曾用多出英国军队几倍的兵力向他们发动30次进攻，但均以失败告终。哈德逊上校曾是那场战斗中的勇士之一，他说："恕我大胆断言，如果世界上有哪个民族也企图这么做的话，他们是难以坚持下去的，或者是难以逃脱失败的命运的。"那些勇士丝毫不被面前的艰难处境所阻挠，他们以崇高的韧性坚持着，战斗着，直到大不列颠的旗帜又在德里城墙上空迎风飘扬，他们才稍作休息。在那儿所有人都是伟大的，包括任何级别的将军和士兵。不管是出身贫寒习惯于吃苦耐劳的士兵，还是出身富贵娇生惯养的年轻军官，在那场残酷异常的考验中不断涌现，同等光荣。英国军队充分发挥了他们的力量与顽强，严格的训练与严明的纪律。人们为这次战争付出了惨痛的代价，但是，如果那些战争的幸存者以及战后新生者，能从教训中汲取教训，那么，这种代价再大也是值得的。

坚定的信仰，可以带来非凡的力量

> 不管面对什么困难，泽维尔都满怀希望，从不畏惧，他凭借着坚定的信仰和非凡的力量前进在追求真理的道路上。

但是，在东方，各族人民在战争中所展示出来的力量和勇气也和英国人同样出色，而且，在其他方面的行为中，他们比英国人更加爱好和平与仁慈。那些英雄将永远活在人们心中，那些传播真理的英雄也不会被人们所遗忘。从泽维尔到马蒂和威廉斯，这其中有一大批杰出的传教士以忘我的精神辛勤地工作着，他们并不是为了扬名于世，而是为了挽救自甘堕落的种族。他们凭借巨大的勇气和百折不挠的精神，忍受种种的艰难困苦，经历过无数生死存亡的考验，饱尝各种磨难，义无反顾地沿着快乐、荣耀乃至殉葬的道路前进。在他们中间，弗朗西斯·泽维尔是最为杰出的代表人物。泽维尔出身名门，生活中充满了欢乐、权力和荣誉，但是，他用自己的生命向世人证明了还有比等级地位更高的目标，还有比积累财富更高尚的志向和抱负。泽维尔是一位真正的绅士，这充分体现在他的礼貌和情操方面。他勇敢、可敬而又慷慨大方，并且颇具领导才能。他颇具感召力，是一个极富耐心、意志坚定而又精力旺盛的人。21 岁的时候，泽维尔在巴黎大学任哲学教师。在那里，泽维尔与罗约拉成为亲密的朋友和同事，不久，他带领第一批新入教的教徒到罗马去朝拜圣地。

后来，葡萄牙的约翰三世决定把基督教移植到印度地区以扩大他的影响，他首先任波巴迪纳为传教士。可是，由于波巴迪纳重病在身未能成行，约翰三世便选中了泽维尔。泽维尔稍稍缝补了一下他那破烂不堪的法衣，只带着祈祷书，立刻向里斯本进发，然后乘船从里斯本踏上了东方的征程。和他同乘一条船的，还有总督及赶赴印度增援的 1000 名官兵。虽然泽维尔在船上拥有一个小房间，但在整个航程中，他都头枕缆绳，睡在甲板上。他和水手们同吃同住，并关心他们，教给他们一些娱乐的方法，帮助他们护理病人，因此水手们对他十分尊敬。

泽维尔到达果阿后，他对人们的堕落感到震惊，不管是外来人还是本地人都是如此。外来者带来了各种肆无忌惮、不受约束的邪恶，当地人则盲目模仿。泽维尔摇着手铃行走于果阿的大街小巷之中，他向人们恳求，希望教育他们的孩子。不久，他便招收到一大批学生，每天认真地教导他们。与此同时，他走访麻风病人，接触各个阶层中处境悲惨的人们，他希望缓解他们的痛苦，带给他们真理。泽维尔极为关心人民的疾苦。当他听说马纳采珠渔民的堕落和悲惨生活后，就前去探望他们，他的手铃再次发出了仁慈怜悯的召唤。他在不懂得当地语言的情况下给人们洗礼，给人们教诲。他还竭尽全力帮助悲惨处境中的人们，这种帮助极有效果。

泽维尔摇着手铃走过科摩罗的海岸，他从城镇到农村，从庙堂到集市，集中起当地的人们进行教诲。他带有《教义问答集》《使徒教义》《戒律》《主祷告文》和其他一些祈祷仪式方面的资料。为了能使孩子们记住这些教义，他反复朗诵，直到他们牢牢记住。随后，他让学会的孩子们把这些经文教给家人和邻居。另外，他还任命 30 多名牧师管理科默隆海角的 30 多座基督教教堂。这些所谓的教堂事实上只是一间屋顶上装有十字架的农舍。安排好这些事情，泽维尔便去了特拉凡格尔。一路上，他摇着手铃，给所有经过的家庭洗礼，到后来累到连手腕也抬不起来。另外，他不停地宣传教义，直到喉咙沙哑。泽维尔认为在这里传教的效果远远超出他的期望。泽维尔过着一种纯洁、热心和雅致的生活，所到之处，人们皆弃恶从善、争相皈依，那些接触过或者听说过泽维尔事迹的人，都被他的热情所打动。

泽维尔后来发现，“报酬丰厚，而耕耘者何等之少”，因此他到了马六甲和日本。在那儿，他发现自己又完全置身于一个新的世界，他为这里悲惨的人们所哀叹和祈祷，照顾穷苦的病人。偶尔，他把自己白色法衣的衣袖浸湿，然后从中挤出几滴水为死者施礼。不管面对什么困难，泽维尔都满怀希望，从不畏惧，他凭借着坚定的信仰和非凡的力量前进在追求真理的道路上。他曾经说过：“只要能拯救一个灵魂，我愿意千百次地忍受死亡和痛苦的折磨。”他忍饥挨饿，历尽千难万险，为了完成自己的使命不知疲倦。最后，经过11年的辛勤工作，这位了不起的英雄又来到了中国，但他在海南岛的三亚患了热带病，病殁于该地。

同样有许多传教士追随着泽维尔：施瓦兹、卡雷和马西门在印度，古兹拉夫和莫里森在中国，威廉斯在南西兹，坎贝尔、穆法特和利文斯通在非洲。约翰·威廉斯是一位来自爱尔蒙加的传教士，他以前是一位家具铁器商的学徒。尽管人们认为威廉斯是一位呆笨的儿童，但是，在工作方面他心灵手巧，技艺高超，因此，师傅常把一些有难度的工作交给他。除此之外，威廉斯非常喜欢摇铃铛和做一些店铺之外的其他工作。有一次他偶然听了一个布道，这大大地改变了他的想法，他成了一位主日学校的教师。在传教过程中，他将注意力逐渐转到公众集会上来，并决心献身于这一工作。威廉斯首先把工作的重点放在太平洋诸岛，特别是塔希提岛、雷亚堤岛和拉罗汤加岛。就像其他新手那样，他自己干活，打铁、种园子、造船舶。他竭力帮助岛上居民学习文明生活的技艺，并教导他们信仰宗教。正在他不知疲惫地工作之际，他惨遭爱尔蒙加海岸的野蛮人杀害。殉道者的王冠，他受之无愧。

诚实，是支撑人生前进的动力

这是我给你们留下的宝贵遗产，也是一条规矩："诚实"。

利文斯通博士有着最令人感兴趣的传道生涯。他曾以他特有的那种谦逊讲述过他的生活。利文斯通的祖先是诚实而又贫穷的苏格兰高地人，据说，其中一人以智慧和审慎著称，此人在临死之际把儿子们叫到身边，说他给他们留下了一件宝贵的遗产，他说："在我一生中，我仔细地研究了我们这个家族的所有传统，我发现我们的祖先都是极其诚实之人。或许诚实并没有天生地流淌在你们血液之中，或许诚实也不是自然而然地属于你们，但是，你们每一个人以及你们的后代都必须诚实行事。这是我给你们留下的宝贵遗产，也是一条规矩：‘诚实’。”

利文斯通在10岁的时候被送进了格拉斯哥附近的一家棉花厂当“穿孔工”，当他领到第一个星期的薪水时，他买了一本拉丁语法书，并开始学习拉丁语，后来他在一所夜校里又学习了数年。为了掌握所学内容，他每天温习到半夜或凌晨，直到他的母亲催促，因为第二天凌晨6点钟他必须去上班。这样，利用业余时间，利文斯通通读了古罗马诗人维吉尔与贺拉斯的作品，此外还涉猎了自然科学和游记散文。他的空闲时间非常少，他把这仅有的时间全部都用在了植物学的学习上，或用来采集植物标本。利文斯通节省每一分钟用来读书，甚至在机器的轰鸣声中也能读书。他把书本放在旋转的机器上，当机器转动时，他就开始阅读。通过种种方式，这位执著的少年获得了大量有用的知识。长大成人后，利文斯通决定要做一名传教士，为了实现这一目标，为了更好地胜任这项工作，利文斯通便开始学医。为了得到学习医学、希腊语和神学所需的费用，他勤俭节约，在寒冷的冬季里去工厂做纺纱工人。就这样，他完全依靠自己念完了大学。他很坦诚地说：“回顾过去的艰难生活，我不禁满怀感激，因为这一经历对我的早期教育非常关键。如果可能的话，我还愿意从这种卑微的生活开始，经受种种艰辛和考验。”最后，他修完了医学专业的全部课程，并且通过了各种考试，拿到了内外科行医执照。最初，他本想去中国，但是，当时正值中英战争，他的计划无法实现。1840年他被伦敦教士协会派往非洲，他曾经决定通过自己的努力去中国，当他被伦敦教士协会派往非洲时，内心的唯一的痛楚是：“这对于一个习惯于按自己的方式行事的人来说，是难以忍受的，而目前的这种工作方式取决于别人。”在到达非洲后，他便极其热情地行动了起来，他对只投身于和其他人的共同劳动这一思想感到难以容忍，但是，当时并没有其他独立的事情可做，于是，他便从事一些建筑业的手工劳动并制作一些工艺品。他把传教当作首要事务，他曾经说过：“传教使我感到精疲力竭，感觉好像回到我当年作为一名纺纱工人夜间学习时。”

在传教之余，他挖掘沟渠、建造房舍、耕田种地、饲养家畜，既教给当地人宗教信仰，又教会他们怎样劳动。一次，当他和当地居民步行去一个很远的地方时，他无意中听到人们在议论他的长相和力量。他们说：“这个人并不强壮，他之所以显得壮实只是因为他的裤子很肥大，他很快就会累得精疲力竭。”这些话使利文斯通浑身热血沸腾，他咬紧牙关，一连几天从不掉队。最后，当地人对他重新有了认识。

我们可以从利文斯通的作品《传教士之旅》中得知他在非洲做了些什么，并且是怎样工作的。利文斯通的性格特征在晚年得到了充分的体现，他把“柏肯哈德”号汽艇从国内带去非洲，但是，汽艇由于年久失修已无法使用，因此他又花费2000英镑在国内定做一艘新的汽艇。他用《传教士之旅》的稿费支付了这笔费用，之前他是打算将这笔钱留给子女的。“子女们应该自己去赚钱。”他说。事实上，他这句话的意思是说他的钱另有他用。

此外，证明意志的巨大力量的还有约翰·霍华德。他崇高的一生证明：一个人即使身体虚弱，但是在一种崇高的责任感的驱使下，为了实现自己的奋斗目标，也能产生排山倒海的力量。霍华德的大脑被改善监狱囚犯生活条件的想法占据着，这种想法使他陷入一种疯狂的激情。艰难、危险、肉体和精神的折磨，都无法阻挠他实现这一伟大的人生目标。霍华德资质平平，并非天才，但是，他有着纯洁的心灵和坚强的意志，并因此取得了杰出的成就。甚至在他去世之后，他对英国的立法还在产生持续和深远的影响，对其他文明国家的立法影响至今。

活要活得幸福，死要死得安心

活着的时候尽心尽力地完成上帝给自己指定的工作，之后满怀感激地幸福长眠。

另外，乔纳·亨利也是一位很有耐心、不屈不挠的人，正因为他，英国才拥有如今的成就，英国人才具有今天的性格特征：活着的时候尽心尽力地完成上帝给自己指定的工作，之后满怀感激地幸福长眠。

“没有必要为自己立碑作传，还是请致力于给后人留下一个更美好的世界。”

1712 年，亨利出生在英国的朴茨茅斯市，他的父亲是一家船舶修理厂老板。在亨利很小的时候，一次意外事故使他失去了父亲。母亲带着几个孩子移居伦敦，这位可敬的母亲含辛茹苦养育他们长大成人，并把孩子送进学校接受教育。17岁时，亨利被送去里斯本跟一个商人学习。在生意往来中，他诚信守时、一丝不苟，因此赢得了大家的尊重和赏识。1743年，亨利返回伦敦，加入一家在圣彼得堡专门从事波罗的海地区贸易的公司。接着，他带着一支英国商队动身去波斯，这支商队贩了20马车的布匹。他又到俄罗斯扩大贸易。到了阿斯肯郡后，他们又乘船去里海东南海岸的阿斯郡伯德。但是，在上岸之际正逢一场起义，他的货物全部被没收了。尽管后来这些货物大部分被归还给他，但是，他的公司还是遭受了巨大的损失。当时，暴乱分子密谋要将亨利和他的商队抓住。得知这件事后，他不得已从水路逃跑。历尽艰险，终于安全抵达了英格兰。这次逃亡让他滋生了“不能绝望”的思想，后来他一直把这句话作为人生的金玉良言。

此后，亨利在圣彼得堡旅居5年，生意也做得十分红火。这时，他的一位亲戚留给他一笔遗产，而当时他自己的资产已经相当雄厚，于是，1750年他离开俄罗斯回到了英国。他回国的目的，正如他自己所说：“是检查一下自己的健康状况，全心全意地做一些于己于人有益的事情。”他将余生都用到了慈善事业和公益事业上。为了能做更多的慈善工作，他过着一种十分简朴的生活。1755年，法国要发动侵略战争的谣言四起，亨利先生开始把注意力集中在如何为海员提供物质的最好方法上面。在英国皇家证券交易所，他召集了一个由商人和船主参加的会议，并提议成立一个由陆上志愿兵和儿童组成的协会，为皇家海军舰队服务。这一提议得到了大家的积极响应：协会成立了，并委派了各级管理人员，整个操作由亨利先生全权负责。结果，海事协会于 1756 年成立，这个机构直到今天还在发挥巨大的实际作用。在它成立后的 6 年里，协会共培训了 5451 名儿童和 4787 名陆上志愿兵，使得海军的力量大大加强了。时至今日，海事协会影响不减，每年大约有 600 名无家可归的儿童，在经过教育培训之后，被派去当海员学徒，主要从事商业服务。

其次，在闲暇时间亨利先生忙于建立和完善大城市的慈善机构。不久以前，他就对多年以前由托马斯·科伦创办的育婴堂产生了兴趣。但是，随着育婴堂的建立，越来越多的父母将孩子扔给了慈善机构抚养，因此，育婴堂的存在并没有发挥积极的作用。亨利决定设法阻止这种邪行，于是，他公开反对当时视为时髦的慈善事业。在他的努力下，慈善事业又被成功地引导回健康轨道。另外，亨利先生还建立了妓女收容所。但是，他主要致力于教区、贫民窟中的幼儿利益问题。因为这些孩子生活艰难而被人忽视，并极易死亡。亨利全身心地投入到这项工作当中。首先，他独自一个人对需要救济的儿童的范围进行考核。他走访了伦敦的贫困家庭，并对贫民窟和济贫收容进行考察，直到对伦敦市内及郊区的每一个救贫院的情况都了如指掌。接着，他途经荷兰去法国参观，他考察了法国贫民收容所的房子，并思索着哪些可以在国内加以移用。他用了5年时间在这项艰巨的工作上，回国以后，他公开出版了他的调查结果，随后开始对大量的救贫院进行改造和维修。1761年，他提出的一个法案获准通过，这一法案责成每一个伦敦教区必须每年登记幼儿的接收、离开和死亡情况。亨利十分关心法案的落实情况，于是他不知疲倦地对法案的落实监督管理。他马不停蹄到处考察，早晨从这个救贫院到那个救贫院，下午从这个议员再到那个议员。时间一年一年地过去，他慢慢变得诙谐幽默了，原因是他不得不忍受一次次的回避和拒绝，答复一个个反对者的提问和诘难。后来，通过无数次的努力，经过10年艰难的工作，亨利自筹经费，终于使第二个法案获得批准。这个法案要求：身患重病的教区幼儿不能留在救贫院抚养，而必须送到几英里之外的郊区精心护理，直到年满6岁为止，并且规定监护人每3年重选一次。穷人们称这个法案为“让孩子活命的法案”。经过这项法案和亨利不懈的努力，数以万计的幼儿得以存活。

在伦敦，乔纳·亨利几乎实施了所有的慈善工作，并为这些工作的完成提供帮助。在他的影响下，第一批保护清扫烟囱儿童的法案得以通过。亨利后来又救济了加拿大的蒙特利尔和巴巴多斯的首都——布里奇敦发生的破坏严重的火灾，他为受害者及时地提供捐赠和其他帮助。他的名字出现在每一个捐赠单上，他的无私和诚挚被人们所普遍认同。为了帮助他人，他宁愿将自己仅有的一点财产全部奉献。以银行家豪尔先生为首的伦敦五位主要领导人在洛德布特拜访了英国首相，他们以全体公民的名义请求对这位为国家无私奉献的人予以关注。这是在亨利先生完全不知情的情况下作出的。结果，亨利很快就被任命为负责海军粮食储备的一名专员。

晚年的亨利先生，身体极度虚弱，他认为自己有必要辞去在粮食储备委员会中的工作，但是，他必须找点别的事情做。于是，他又开始了奔走忙碌的生活，为的是筹建更多的主日学校。这种运动正处于萌芽期，目的在于减轻那些由于贫困而在伦敦大街上四处游荡的人们的痛苦，或者缓解社会上那些被忽视的贫困阶级的生活压力。虽然亨利熟悉底层阶级悲惨的生活，但是他本人非常乐观。由于身体衰弱，亨利很难完成自己主动要求的巨量的工作，于是他想辞去这份工作。尽管他体质虚弱，但是他依然勇敢地、孜孜不倦地工作着，他有着伟大的道德力量。

亨利是个言而有信、真诚正直的人，他从不说谎。正是凭着这种诚实商人的名声，他赢得了人们的尊敬。不论是作为一个商人，还是后来的海军粮食储备委员会专员，他总是遵守承诺。他的一切行为都完美到无可挑剔。他拒绝接受承包人的贿赂，在粮食储备委员会任职期间，每次有人送礼时，他都颇为礼貌地原封不动地退回，并留下字条：“我定下这样一条规矩：在工作中，决不接受任何人的任何馈赠。”74岁那年，他发现自己渐渐有些力不从心，他豁达地为自己准备后事，就好像是准备一趟国内旅游。他清算了各种账目，还清了债务，并和往日的朋友一一告别，安排好后事，便换上一套干净整洁的衣服，就这样安详地离开了人世。他死后留下了不到2000英镑的遗产，由于没有继承人，他便嘱咐将这笔遗产分给了平时熟识的孤儿和穷苦人。这就是乔纳•亨利的美好人生，简单地说，他是个诚实守信、充满活力、工作努力和心地善良的人。

只要不放弃，生活就有希望

> 由于得不到专业律师的帮助，我不得不自己寻找法律的援助，在绝望中想方设法自卫。

格兰威尔·夏普同样是一位精力旺盛、能力突出的典范。后来，在废奴运动中他的这种力量感染了许多高尚的工人，其中十分突出的有克拉克逊、威尔伯福斯、柏克斯顿和布鲁姆。这些人在废奴运动中都堪称巨人，但是，夏普是他们的先驱，从意志、力量和勇敢等方面来看，夏普也是他们之中最为杰出的。格兰威尔·夏普最初在托尔黑尔给一位亚麻布制造商当学徒，当学徒期满之后，他离开了那家公司，去一家军火公司上班。正是在这个过程中，他开始利用空闲时间做黑奴解放的工作。他乐于做些有助于别人的工作，这在他当学徒时候就显现出来了，因此，在他当学徒期间，和他同住的另外一名学徒经常引导他讨论宗教问题，这个人是个有神论者。这个年轻人认为夏普想了解希腊语，这正是引起他对一些基督教经书产生误解的原因。此外，夏普对关于预言的解释问题还和一个犹太人学徒发生了争论，这次争论同样使他克服了与希伯来人交流的困难。但是，真正使他的注意力和工作方向转变的是他的宽厚仁慈。在闵辛仑，夏普的哥哥免费为穷人看病。医护室有个可怜的非洲人，名叫乔纳森·斯庄。斯庄遭到来自巴巴多斯、现居伦敦的律师的摧残，这个律师是他的主人。斯庄的腿瘸了，眼睛也快瞎了，失去了工作能力。这位律师认为斯庄已经没有价值，因此便把他扔到大街上。斯庄失去了工作能力，只能靠乞讨为生，直到有一天他遇到了夏普。夏普给了他一些药，并且同意斯庄到巴托罗缪医院治疗。经过一段时间的治疗和修养，他的状况得到控制，并且渐渐好转。出院后的一天，夏普两兄弟搀着他在街上散步，两兄弟在思考着同一个问题：任何奴隶主都有权大声宣布奴隶是他的人，如果那位律师再次见到斯庄的话，他便有权利这样做。后来，夏普兄弟为斯庄找了位药剂师替他治疗。一次，斯庄在药剂师夫人的后车厢里遇到了那位律师。律师发现斯庄已经痊愈，还有使用价值，于是决定恢复自己的财产权。他找了两个市政官员把斯庄抓了起来，关在卡姆特监狱里，准备押回西印度群岛。斯庄想到之前格兰威尔·夏普曾给自己提供了友善的帮助，于是，他向夏普发出了一封求救信。此时夏普已经不记得斯庄这个人了，但他还是派人去卡姆特监狱打探。打听的人回来报告说看守人员否认拘押了这个人。这引起了夏普的怀疑，他立即去了拘押所，坚持要见乔纳森·斯庄。最后，他终于得以见到斯庄，并认出了这个可怜的黑人奴隶。现在，斯庄的身份是一名被抓获的在押奴隶。夏普先生冒险恳求监狱长在市长还不知情的情况下，不要将斯庄交给其他人。然后，他立即去见市长并向市长诉说整个事情的原委，市长了解了这个事件后，召集那些没有获得批准而把斯庄抓捕入狱的人，于是这些人都来到市长那儿。然而这时斯庄的前主人已经将他卖给了另外一个人，因而，这个新主人拿着票据声称这个黑奴是他的财产。由于没有人指控斯庄犯罪，而市长也无法证明斯庄的自由问题是否合法，最后市长释放了斯庄。这位黑人奴隶跟随着夏普走出了监狱，没有人再敢随便抓他。但是，夏普不久后便收到斯庄主人的通知，他认为自己的财产受到了剥夺，他要求恢复对这个黑人奴隶的所有权。

在 1767 年左右，尽管英国人的人身自由权利富于理论的成就，但是，在落实中却遇到了极大的困难，违反法律的事件几乎每天都有，强征海上服役人员的事件不时发生。此外，在伦敦和英国的其他大城市还有东印度公司安排的专门拐人的一批绑架者。当这些被绑架者拒绝去印度时，他们就会被转卖给美洲殖民地的庄园种植主。黑人奴隶买卖的广告甚至公开登载在伦敦和利物浦的报刊上。如果抓获和遣送逃亡的奴隶，只要将他们送到某艘特定的船上，便能得到报酬。

英国奴隶的地位在世界上声名远播，其实，这是很值得怀疑的。由于没有具体的法律可依，法官们的判决经常游移不定。虽然英国人民都有拒绝奴隶的信念，可是，一些声名显赫的法律界人士却直截了当地表明了他们的反对意见。在之前的乔纳森·斯庄一案中，夏普先生求助的几位律师基本都持这种观点。乔纳森·斯庄的主人还告诉夏普，伦敦首席大法官曼斯菲尔德和其他的高级法律顾问都认为踏入英国的奴隶不能获得自由，可以合法地强迫他们返回种植园。如果格兰威尔·夏普没有如此坚定的信心和热心，这个消息或许已经使他感到绝望。但是，对于夏普来说，这只让他更加坚定了决心，要为斯庄的自由而战。他说："由于得不到专业律师的帮助，我不得不自己寻找法律的援助，在绝望中想方设法自卫。由于不懂得法律实务和法律的基础知识，以前也从没有读过任何的法律书籍，因此，我不得不去图书馆查找法律书籍的索引，然后，委托我的书商去购买。"

白天，夏普将全部时间都用来处理军械部的事务，只得利用深夜或清晨的时间学习和研究法律。在给一位牧师朋友的信中，他解释了迟迟回信的原因："我现在根本没时间回信，我几乎已经没有时间睡觉了。早上的时间必须用来进行一些法律观点的考证，这方面我还需要作极其辛苦的研究和考证。"

夏普先生在接下来的两年中，几乎放弃了所有的休息时间，对英国的个人自由权利的法律都作了深入的研究。他十分费力地读完了大量枯燥乏味的文献资料，对所有重要的议会法案、法院判决和著名的律师观点都做了摘要。在没有人为他指导，没有人提供帮助，也没有人给他提建议的情况下，他依然陷入到单调沉闷而又深入持久的研究中。没有一个律师赞成他的研究，然而，考证的结果使他满心欢喜，也让那些法律界的绅士大为吃惊。夏普写道："感谢上帝，在英国的法律法规中，没有一条——至少我没有找到——证明奴役别人的人是合法的。"他原本就不乏坚定，现在更是无所顾虑了。他以纲要的形式草拟了他的研究结果，这是一份平实、清楚而又大胆的声明，题目是《论在英国允许奴隶制度存在的不合理》。他把这篇文章抄写了很多份，然后发给当时那些最有名的律师。斯庄的主人这时意识到夏普是个棘手的角色，在斯庄一案中，他寻找种种借口拖延结案。最后，他提出了一个折中方案，但被夏普严词拒绝。夏普继续将他的小册子散播给律师们，最后，这些律师也都反对继续限制乔纳森·斯庄的个人自由。法院最终判决：原告败诉，须交纳三倍的诉讼费用。《论在英国允许奴隶制度存在的不合理》也在1769年公开出版。

品格高尚的人，足以撬动整个世界

> 有许多人被夏普的表率和他的热情所鼓舞，纷纷站出来支持他。也正因为这样，他一个人的力量变成了集体的力量。

与此同时，不断有绑架黑人并将他们贩卖到西印度群岛的事件在伦敦发生，无论在什么情况下遇到这样的事件，夏普都会毫不犹豫地营救这些黑人。一个非洲人——海拉斯的妻子遭到了绑架，并且被贩卖到了巴巴多斯。夏普得知这件事后，以海拉斯的名义向法院提起诉讼，最终获得了赔偿判决，海拉斯的妻子也安全回到了英国。

1770 年在伦敦发生了一起手段残忍的捕捉黑人的暴力事件，夏普先生得知后，立即投入追查施暴者的工作当中。

在一个漆黑的夜晚，一名男子雇用了两名水手，将刘易斯拖到一只小船上，然后塞住他的嘴，并将其手脚捆上。这名男子声称这位名为刘易斯的非洲黑人是他的私人财产。小船顺流而下，然后，他们上了一艘开往牙买加的轮船，只要一靠岸，刘易斯就会被作为奴隶卖掉。然而，当时这位可怜的黑人的哭喊声引起了邻居们的注意，接着，刘易斯的一个邻居径直跑到夏普那儿，把这一暴行告知了他。夏普立即去法院开具了一张带回刘易斯的许可证并火速赶往格雷威孙德。可是当他到达那里的时候，轮船已经起航。他又赶忙将一张人身保护令送往斯宾赫德，终于，人身保护令赶在轮船被放行之前送达。此时，刘易斯正被他们锁在轮船的主桅杆上，他泪流满面，悲伤非常。刘易斯被立即释放并且回到伦敦，而施暴者被刑事拘留。从这一案件中显示出夏普先生敏捷的头脑、决策的果断和手脚的麻利，可是他却责怪自己笨拙迟钝。最终，对于奴隶制度的观点与格兰威尔·夏普大相径庭的大法官曼斯菲尔德审理了此案。这一次，曼斯菲尔德没有把这一案件作为诉讼案件，他也没有对奴隶是否享有人身自由这一法律问题发表看法，而只是将刘易斯释放了事，理由是被告无法提供证据证明这位黑人是他的财产。到此为止，在英国的黑人是否享有人身自由的问题还未得到一致的答案，不过，夏普先生仍然一如既往地从事着他的善行，经过他不懈的努力和迅速果敢的行动，他救出了更多的黑人。

最后，意义重大的詹姆斯·萨默塞特案爆发了。据说，这一案件是根据曼斯菲尔德和夏普先生的相互意愿挑选出来的，目的在于把黑人是否享有人身自由这一问题作为法律诉讼清楚明确地提出来。该案的情形是这样的：萨默塞特在被他的主人带回英国后便逃跑了，后来他再次被主人抓到，并且将被卖到牙买加去。和以往一样，夏普先生很快了解了这一事件，他聘请了法律顾问为萨默塞特辩护。曼斯菲尔德大法官宣布这一案件涉及一个大众普遍关心的问题，因此，他决定让所有的法官来作出裁决。夏普先生清楚这些团结一致的律师一定会向自己施压，但这难以动摇他的决心。幸运的是，在这场残酷的斗争中，他平日的努力终于有所收获，随着人们对这一问题越来越关注，他也得到了许多声名卓著的法律界权威人士的支持。

这件关于人身自由权利的诉讼案引起极大的关注，大法官曼斯菲尔德将在三名法官的协助下对案件进行公开审理。实际上，除了被法律剥夺了人身自由的人之外，这也是一次对每一个人是否都享有人身自由权利这一根本原则和宪法制度的审判。这一案件经历了数次的开庭、休庭、再开庭、再休庭，也经过了激烈持久的辩论。辩论主要是以格兰威尔·夏普的那本小册子为基础展开的，在法律顾问们的热烈讨论中，大法官曼斯菲尔德那极有影响力的观念开始慢慢转变。最后，曼斯菲尔德作出了判决，他宣布现在法庭已经达成了一致意见，案件也就没有必要再交给12名法官审理。他说认领奴隶决不会得到支持，对奴隶的认领权在英国不能生效，法律也不予承认。因此，詹姆斯·萨默塞特得到了法律的保护。随着这一判决的宣布，还在利物浦和伦敦街道上公开进行的奴隶贸易，立刻瓦解。此外，夏普还为人们牢牢地树立了这样一种荣耀的真理：只要一个奴隶的双脚踏上了英国的领土，那么从此刻起，他就恢复自由了。毫无疑问，首席法官曼斯菲尔德之所以作出这样一个划时代的决定，主要应归功于夏普先生自始至终的努力。

我们不需要对格兰威尔·夏普的职业生涯作进一步的说明，他自始至终不知疲倦地从事着那些有益人们的善行。在把塞拉利昂这一殖民地作为营救黑人避难所的过程中，他发挥了举足轻重的作用。另外，他致力于美洲殖民地本土印第安人生活条件的改善。他宣扬为了扩大英国人民的政治权利，要求废除对海员的强征服役。他认为英国海员和非洲黑人一样，应该受到法律的保护。他们做海员，并不意味着他们丧失了作为一个英国人的权利，夏普认为个人人身自由是第一位的。夏普先生同时也竭力促使英国和其美洲殖民地之间的友好和平，可惜没有任何效果。当美国独立战争爆发时，英美相互残杀，这时夏普出于强烈的正义感，毅然辞去了在军械部的职位。

后来，他一直为了自己的伟大的人生目标——废除奴隶制而努力。为了这个目标的顺利进行，也为了把这过程中发展起来的力量组织起来，他组织成立了废奴协会。另外，有许多人被夏普的表率和他的热情所鼓舞，纷纷站出来支持他。也正因为这样，他一个人的力量变成了集体的力量。他的衣钵传给了克拉克逊，传给了威尔伯福斯，传给了布鲁姆和柏克斯顿，他们继承了他的事业，像他那样精力充沛、信念坚定地工作，直至最后奴隶制在不列颠的领土上被彻底废除。尽管每当后人提到这些人的名字时，总是把他们与这一伟大胜利联系在一起，但是，毫无疑问，这一胜利的主要功绩属于格兰威尔·夏普。因为，他着手这一工作的时候是孤单一人，他独自一人与那些才华出众的律师及那个时代根深蒂固的偏见对阵。凭着一个人的努力，他孤军奋斗。他为了国家的宪法而战，为了英国公民的自由而战，这场圣战应当烛照汗青。不应当被历史遗忘的还有他那不知疲倦和坚韧不拔的精神。他点燃火炬照亮了其他人的心灵，使这火炬代代相传，必然照亮整个民族的心灵。

世界因为个人的高尚而美好

正当他处在选择人生道路正义还是邪恶的关键时刻，他有幸接触格尼家庭，这个家庭高贵仁厚，以知书达理、乐善好施而闻名。

克拉克逊后来把注意力转移到了黑人奴隶问题上来，欣慰的是，这是在格兰威尔·夏普先生去世之前。克拉克逊甚至把这一问题选为大学毕业论文题目，他的脑子里满是解决这一问题的疑问，以致难以摆脱。一天，他骑马去了荷特福德街的韦德磨坊附近，然后下马坐在路边的草地上陷入沉思，经过了长时间的思考，他决心献身于这一事业。论文完成后，他把它从拉丁文译成英文，并且添加了许多新鲜的说明，然后出版发行。不久，有许多人加入了这一共同的事业。那时废除奴隶贸易协会已经成立，但是克拉克逊毫不知情。后来他便毫不犹豫地加入了协会，为了投身这一事业，他牺牲了自己的前途。当时，威尔伯福斯当选为议会领导，而克拉克逊的主要工作却是搜集和整理大量的证据来支持废奴运动。

这儿的一个典型事例也许足以说明克拉克逊敏锐和坚韧的个性特征：在保卫奴隶制度的过程中，奴隶制度的鼓吹者认为，那些在战争中被俘获的黑人应当作为奴隶，否则，在回国后，他们将面临更加悲惨的厄运。克拉克逊清楚当时有一些从事奴隶贸易的人在进行捕奴活动，但他一时无法找到证据。到哪里去找一个这样的事例呢？终于，在一次偶然的旅行中，克拉克逊认识了一位绅士。这位绅士告诉他在大约一年以前他所在的公司里有一个年轻的海员，这位海员曾经参加过奴隶抓捕队。但是，这位绅士不清楚这位海员的真实姓名，只能大致地描述他的长相；对这位海员的去向更是一无所知，只知道他在一艘常备战舰上服役，至于在哪个港口他也不清楚。凭着得来的这点信息，克拉克逊决定找到那个海员作为证人。他几乎跑遍了所有常备战舰的港口城市，细心查找每一艘战舰，终于在最后一个港口城市的最后一艘战舰上，找到了他的目标。这个人最后终于成了他最有力的证人。

几年间，克拉克逊与400多人取得联系，同时，为了搜集证据，他四处奔波，历经35000多英里的路途。由于长年累月的辛勤工作，他最后积劳成疾，精疲力竭，但是，他仍然坚持努力。终于，他的热情唤醒了人们的良知，激起了所有善良的人们对奴隶的强烈同情心。

经过多年的艰苦斗争，奴隶贸易终于被废除了。但是，还有另一个伟大的目标有待实现，这就是要在英国的领土上废除奴隶制本身。在取得这一胜利的所有领导者中，取代威尔伯福斯进入议会的福韦尔·柏克斯顿最为卓越。柏克斯顿小时候是一个头脑简单四肢发达的顽童，他具有与众不同的坚忍意志力，这种意志力在他幼年曾表现为暴躁、骄横和固执。柏克斯顿的父亲在他很小的时候就去世了，幸运的是他的母亲非常聪明。她小心翼翼地培养着他，同时，对于一些可以让他自己去做的事情，她总是鼓励他自己行动。柏克斯顿的母亲相信如果加以正确的引导，形成对一种目标的坚强毅力，对于一个人来说是极为可贵的品质，因此，她就开始培养自己的儿子。当有人与她谈及儿子的任性时，她总是淡然地说："没关系，他现在虽然固执任性，但是，最终你会看到这对他有好处。"在学校里，柏克斯顿收获极少，他被认为是个又呆又懒的人。他的功课是别人替他做的，而他自己却四处捣蛋。下午3点钟柏克斯顿准会回家。这个智力低下身材魁梧的小伙子，只对划船、射击、骑马和田径运动感兴趣。猎场的看守员是一个心地善良的人，虽然他不会读书写字，但对人生和自然有着极强的观察力，柏克斯顿的大部分时间都是和这位看守员一起度过的。其实，柏克斯顿非常聪明，只是他缺少知识、训练和发展，才显得愚笨。正当他处在选择人生道路正义还是邪恶的关键时刻，他有幸接触格尼家庭，这个家庭高贵仁厚，以知书达理、乐善好施而闻名。

与格尼家庭的交往，熏陶了柏克斯顿的品格，正如他后来常说的那样。他们鼓励他注重自我修养，当他进入都柏林大学并在那里赢得了崇高荣誉时，他满腔激情地说："是他们鼓励我去为他们赢得荣誉。"他后来娶了格尼家的一个女孩为妻，然后在他那个伦敦酿酒商的舅父的作坊里当了一名职员，开始了新的生活。他的意志力在他小时候使他成为一个难于管束的顽童，现在，却使他无论从事什么工作都不知疲倦，精力充沛。因为他身高 6 英尺 4 英寸，身材魁梧，大家都叫他"大象柏克斯顿"。除此之外，他精力旺盛，经验丰富。他得意地说："我可以先酿一个小时的酒，接着去做数学题，然后再去练习射击，而且每一件事都能聚精会神地完成。"无论做什么事，他都有坚定的决心和无穷的力量。后来他成为这家公司的合伙人并且担任经理，他充满活力，事无巨细他都亲自过问，因此，生意之兴隆是前所未有的。他难得片刻空闲，甚至每天晚上他都要勤奋自学和研究布莱克斯通、孟德斯鸠等人关于英国法律的评论。他读书的原则是："看一本书决不半途而废"，"对一本书不能融会贯通熟练运用，就不能说已经看完"，"对任何问题都要全身心地投入其中”。

柏克斯顿年仅32岁便进入了英国议会，他认为议会里的每个议员的诚实、热心和灵通的消息是使他成为世界上一流绅士的可靠保证。他的主要工作就是要使英国的殖民地上的奴隶彻底解放。他认为自己早年对这一问题的兴趣完全是受普丽茜拉·格尼的影响。普丽茜拉·格尼是埃尔哈姆家族的一名成员，一位美丽智慧、心地善良、兼有各种美德的妇女。1821年，在她临终之前，她反复交代柏克斯顿：“把奴隶问题作为你最大的人生目标。”她的最后一个愿望是试图再一次庄严地控诉奴隶制的罪恶，可是，在这最后的未能完成的努力中，她离开了人世。普丽茜拉的忠告永远铭刻在柏克斯顿的心中，柏克斯顿因此把自己的一个女儿也取名为普丽茜拉，并把女儿结婚的日子定在1834年8月1日，也就是黑人解放的那一天。这一天，普丽茜拉离开父亲，来到丈夫的公司。也就在当天，柏克斯顿坐下来给朋友写了一封信，他写道：“我的女儿刚刚出嫁，事情都已经圆满地完成，而且在英国的殖民地上再没有一个奴隶。”

柏克斯顿只不过是一位热心、直率、坚毅而又精力充沛的普通人。他不是天才，不是一个富有才智的领导者，也不是一位发明家，但他作出了不亚于如上之人的贡献。他的全部性格特征大致可以用他自己的一段话来概括，他说：“我越来越体会到，人与人之间、弱者与强者之间、大人物与小人物之间最大的差别就在于意志的力量，即所向无敌的决心，一个目标一旦确立，那么，不在奋斗中死亡，就在奋斗中胜利。具备了这种品质，你就能实现这个世界上任何理智的目标。否则，不管你的才华如何横溢，不管你的背景如何强大，不管你的机遇如何充裕，你都不能使自己从一个两足动物成为一个真正的人。”

第四章

金钱不是万能，赢在合理利用

一个人怎样使用金钱是检测他的才智高低的最好的方法之一，这其中包括赚钱、存钱和花钱。

对待金钱的态度，可以检验一个人的心智

如何正确地使用金钱与人性中的一些最优秀的品质紧密相关。例如，慷慨、诚实、公正和自我牺牲精神。

一个人怎样使用金钱是检测他的才智高低的最好的方法之一，这其中包括赚钱、存钱和花钱。虽然我们不能将金钱作为一个人生活的主要目的，但是，它无疑是非常重要的东西，不能从思想上予以轻视。在实际生活中，从很大程度上而言，金钱是获得感官快乐和社会福利的手段。

事实上，如何正确地使用金钱与人性中的一些最优秀的品质紧密相关。例如，慷慨、诚实、公正和自我牺牲精神。另一方面，是这些品质的对立面，如贪婪、欺诈、不公正和自私，就像一个爱财如命的人所表现出来的那样。有的人滥

用和错用了金钱这一手段，从而产生了浪费、铺张、挥霍、奢侈等罪恶。正如亨利在《生活备忘录》中所指出的："所以，在赚钱、积蓄、开支、送礼、收礼、借进、借出和馈赠等方面，正确的行为法则几乎为一个人的完美作了论证。"

人人在世俗的环境中都尽力追求舒适。它满足人的肉体需要，这种需要是发展人性中更完美的方面的必要条件。这也为家庭的发展提供了物质基础。假如没有这些物质基础，那就如《圣经》所说，这个人会"比不信教的人更坏"。这是个人义不容辞的义务和责任，必须给予关注。人们之所以尊敬我们是因为我们能抓住机遇获得成功，从而给他们提供更好的物质生活条件。

在现实生活中，教育是我们实现这一目标的必要条件，教育能激发我们的自尊感，从而使我们变得精明强干，并培养出耐心、坚韧等美德。除了精明能干、谨慎稳重之外，我们还必须考虑周全，眼光不能短浅，不仅要考虑眼前，还能安排未来。同时，我们还必须具有克勤克俭、毫不利己的个人品格。约翰·斯特林指出："教师本人自我克制的最坏教育也强于教师自以为是而不知节制的最好的教育。"罗马人则用"美德"来命名勇气。勇气存在于人的肉体，而美德存在于人的灵魂，有自知之明是最崇高的美德。

美德第一课——自制

人们都清楚改革我们身上的坏习惯比改革教堂和国家更为困难。

因此，为了长远的利益而牺牲当前的享乐是自我克制的最后一课。这些艰难的课程自然是期望人们发挥他们所赚的钱的最大价值。然而，很多人习惯于用赚来的钱挥霍浪费，很快他们便陷入被动，只得过省吃俭用的生活。我们周围有很多这样的人，平日贪图享乐，挥霍无度，不久就发现自己囊中羞涩，生活难以为继。正是由于这个原因，社会上出现了一些穷困潦倒、生活凄惨的人。

有一次，伦敦市市长约翰·拉塞尔在接见一个代表团的代表们时，谈到了国家向工人阶级征税的问题，后来这位市长发言说：“你们完全可以相信政府对工人阶级征收的赋税绝对不会超过他们在酗酒方面的支出。”失业是重要的社会问题之一，所以必须承认，即使“自我克制和自救”，也难以避免穷人向政府求助。现在，由于经济状况的原因使得爱国主义不再被认为是应当具有的美德，而成为只有独立的产业阶级才能付诸实施，这是令人担忧的现象。萨缪尔·迪欧是一名制鞋商，他颇具哲学素养，他说：“安度困难时期的最好的方法就是平时精打细算、省吃俭用，这比任何国会通过的改革方案更有成效。”苏格拉底曾说：“谁想转动世界，必须首先转动自己。”确实，人们都清楚改革我们身上的坏习惯比改革教堂和国家更为困难。要移风易俗，从别人开始比从我们自身开始要容易得多，也比较符合我们的习惯。

浪费，是自己加给自己的赋税

> 所有的房屋、桥梁和轮船的修建，所有有益于人类文明和人类幸福成就的完成，都归功于节俭阶层。而那些挥霍尽自己资产的人一般也就成为节俭阶层的奴仆。

对于那些只顾眼前、不为将来打算的人来说，必定会软弱无能、无所依赖，生活在社会的底层。他们缺少自尊，也就难以赢得别人的尊重。在商业危机中，这些人更像是无头的苍蝇那样四处碰壁、头破血流。那些平时从不积攒钱财的人们，在突遭大难时，可能会得到别人的怜悯，但这于事无补。因为如果他们想想将来妻儿老小的命运，他们会感到不寒而栗。

在海德尔斯菲尔德，科布登先生曾经对这里的工人们说过：“这个世界一般分为两个阶层——节俭阶层和挥霍阶层。所有的房屋、桥梁和轮船的修建，所有有益于人类文明和人类幸福成就的完成，都归功于节俭阶层。而那些挥霍尽自己资产的人一般也就成为节俭阶层的奴仆。这是一条自然规律，也是理所当然的节俭规律。如果我在这里承诺：任何阶层，不需要深谋远虑、精打细算，哪怕是整日游手好闲，也能改善自己的生活状况；那么，我就是十足的骗子。”

布莱特先生在1847年在罗彻德尔工人集会上发表的一个简短演说，也表达了同样的信念，他说：“就诚实而言，在所有阶级中都可以找到，并且谁也不比谁逊色。”接着他说道：“对于任何人，或者说人类的任何成员，如果他想保持目前较为优裕的生活条件，或者想改变目前较为糟糕的生活处境，唯一切实可行的办法是勤劳、节俭、克制和诚实。人们要想改变自己不满意的困境，即使从他们的精神和肉体的状况考虑，也没有任何捷径，唯一的捷径只能是实践这些美德。人们会发现，自己周围的很多人正是凭借这种方法不断地改善自己的生活状况，使自己不断取得进步。”

一般工人的情况是碌碌无为、平平庸庸、卑贱低微、不被尊重，这没有什么理由可言。除了极少数人之外，整个工人阶级应该是节俭、有德行、见识广博和健康状况良好的。既然有极少数人可以做到，那么其他人有什么理由做不到呢？用同样的方法，就会得到同样的结果。在每一个国家中都应该有这样一个阶级——他们都通过自己的日常劳动生活改善自己的处境，这是上帝的安排，毫无疑问，这种安排是明智而正确的。但是，这个阶级应该是节俭、满足、理智和幸福的，而不像现实中表现的那样。现实中的这个阶级的状况不是上帝设计的，而是从他自身的软弱、放纵和刚愎自用中喷涌出来的。在劳动群体中产生的健康的自助自救精神，比其他手段更为有效地使他们上升为一个阶级；而且这种上升，不是通过贬抑别人来实现的，而是通过把他们的宗教、智慧和美德提高到同一水准来实现的。蒙泰恩指出："道德哲学对于声名显赫的人适用，同样，也适用于普通人。每一个个体都折射出人类的整体状况。"

在展望未来时，我们会发现有三种世俗的事件等待着我们——失业、疾病和死亡。前二者或许还可以逃避，但是最后一个却是命中注定。然而，无论其中的哪一事件发生，我们都应该尽可能小地减轻生活的压力，这种生活方式和安排是一个明智的人的责任，因为这不仅是为了自己，而且也是为了那些把安逸和生存都寄托于自己的人。如此看来，踏实地挣钱和节俭地用钱是极为重要的。只有正当赚钱、吃苦耐劳、不辞辛苦、不受诱惑时才能得到良好的回报；而正确使用金钱，是精明审慎、富有远见和自我克制的体现，这些基本要素便构成了刚毅果敢的性格。金钱不仅能代表一大堆毫无价值的物品，同时也能够代表许多富有价值的东西；除了食物、衣服和感官的满足，而且也在于个人的自尊和独立。因此，对于工人来说，积蓄是他安身立命的保证，它就犹如节欲的防护墙，是快乐和希望，使他期待美好的未来。在这世界上，努力去获得一个更为牢固的地位，这其中包含了使人更为强壮的尊严。从长远来看，它赋予了他更大的行动自由，能使他为了将来而积攒更多的能量。

保持简朴的生活，才能确保真正的独立

> 想要节俭，依靠一般的力量和普通人的能力足以达到，根本不需要超人的勇气和杰出的美德。

但是，他也很容易变成奴隶，如果他总是在欲望里徘徊的话。如果这样，他便不能成为自己的主人，而是时时处于沦为别人奴隶的危险之中；而且他只能接受别人为他提出的各种条件，他因此会变得奴颜婢膝，他不敢勇敢地睁开眼睛看看现实。一旦身处逆境，他或者靠别人的施舍度日，或者靠贫民救济而生存。如果他连当下的工作也失去了，他将难以从事另一领域的工作。他会对教区恋恋不舍，不敢迁徙，就如同礁石上的帽贝。

为了能够独立，朴素节俭便是必需的。想要节俭，依靠

一般的力量和普通人的能力足以达到，根本不需要超人的勇气和杰出的美德。实际上，节俭只不过是管理学中的秩序原理在家庭事务中的运用：它意味着悉心经营、符合规则、精打细算和避免浪费。我们的上帝也表达了这种节俭原则，他说过“把剩下的零碎收拾起来，免得丢失了”。因此可见，全能的主也不忽视生活中的细小的东西。即使在他向众人展示他无边的法力的时候，也意味深长地告诫人们要节约，做到物尽其用。

节俭的另一目标是，为了将来的利益，抵御眼前的欲望的能力。从这一角度来说，这也代表了人优越于动物的一大特征。节俭与吝啬有着根本的区别，因为正是由于节俭才能使一个人总是能够表现得慷慨大方。我们是拜金主义者，但我们只是把它当作一个有用之物。正如迪安·斯威夫特所说的：“我们脑子里必须有金钱观，但是不能一门心思地只想着金钱。”节俭就像我们谨慎的女儿、克制的姐妹和自由的母亲。显而易见，节俭就是适度的性格特征、适度的家庭幸福和社会福利。也就是说，节俭是自助的最好表现形式。

当弗朗西斯·霍拉开始独立生活的时候，他的父亲对他提出忠告说：“我祝愿你事事开心如意，但我还得适当地劝导你要节俭。节俭对任何人来说都是必不可少的美德，然而，浅薄的人可能会轻视它。其实，节俭能使你独立，而独立则是每个精神高尚的人所追求的崇高目标。”彭斯写过意味深刻的诗，可是，遗憾的是，他只会高声歌唱而不付诸行动，他是思想的巨人，行动的矮子。当他卧病在床，奄奄一息之际，他给一位朋友写信说：“唉！克拉克，我觉得情况糟透了。彭斯将留下1个可怜的寡妇和6个孤苦无依的孤儿。我已非常虚弱。这已够了——这是我的一块心病。”

量力为出，才能进退自如

> 培根勋爵有句关于节俭的名言：与其去赚些小钱，不如去存些小钱。

我们过日子的时候，都应该衡量自己的收入情况。要做到这一点就必须诚实。因为，如果一个人不是诚实地按照自己的收入过日子，那么他必定是虚伪地按照别人的收入过日子。那些不关心自己的消费，只顾自己享乐，丝毫不为别人着想的人，往往会留下遗憾。因为等到他发现钱的真正用途时，已经太迟了。这些挥霍浪费的人虽然天性大方，但是，终将被迫去做一些低劣的事情。他们只贪图眼下的安逸享乐。他们花天酒地，挥霍无度。他们预支存款，预支工资，最后债台高筑，给自己的行动自由和人格独立带来严重影响。

培根勋爵有句关于节俭的名言：与其去赚些小钱，不如去存些小钱。许多人随手浪费的零钱和一些不必要的支出，往往是人生中财富和独立人格的基础。尽管这些浪费者经常抱怨这个世界不公平，可是，他们从未发现，自己才是自己的最大敌人。试想，如果一个人自己跟自己过不去，自己不能成为自己的朋友，他还怎么能指望别人成为自己的朋友呢？只有那些考虑周全、生活节制的人，才会用口袋里的钱去帮助别人；而一个挥霍浪费、缺乏远见的人，是从来不会想到帮助别人的。

心胸狭窄在生活和交往中是极端的短视，一般会导致失败。正如人们常说："只有一分钱的心胸，绝不可能得到二分钱的收获。"慷慨大方与宽宏大量，和诚实守信一样，是生活和交往中最为重要的原则。在《韦克菲尔德教室》一书中，尽管津肯松总是以这样或那样的方式欺骗他心地善良的邻居——弗拉姆勃朗，但是，正如津肯松所说的："弗拉姆勃朗日渐富裕，而我却穷困潦倒并进了监狱。"日常生活中的很多事例都说明，人生的辉煌来自于慷慨大方和诚实守信。

有这样一个格言——一只空袋子是站不直的。同样，一个负债累累的人也是难以独立的。想要一个债台高筑的人说真话，也极为困难。因此，人们总说，债务的背上就是谎言。负债者不得不寻找借口拖延偿还债务的时间，这就必须撒谎。对于一个人来说，找一个正当的理由来逃避第一次债务是轻而易举的事情；但是，有了这个开头就会有第二次。用不了多久，这位不幸的负债者就会在债务堆中难以自拔，不管以后他如何勤奋也很难轻易获得自由。负债的第一步就如同虚伪的第一步，只要有第一次负债，就会有第二次负债，随后的债务便接二连三，接踵而至，如同编造的谎言一样源源不断。

画家海顿从向别人借钱的第一天起，就认识到了“谁陷入负债，谁陷入悲哀”这句谚语的正确。他为了提醒自己而在日记里记载道：“现在我开始负债了，这是以前从未有过的事情。或许，只要我活着，就再也休想摆脱它们了。”他在自传中痛苦地描述了在金钱问题上的尴尬难堪，以及由此产生的极度的精神沮丧、工作能力的丧失和时时重现的羞辱。海顿曾给一位加入海军的少年这样一段书面忠告：“决不要那种只能通过向别人借债而获得的享受，决不要向别人借钱，这会令你堕落。不过，我没有说你不要借钱给别人。只是要注意：如果你意识到借出的钱将无法收回，那就千万不要借。记住无论在什么情况下也不要向别人借钱。”这使一位名叫费希特的穷学生，甚至拒绝了比他更穷的父母亲提供的借款。

过早负债会使人毁灭，这是约翰逊坚信不疑的真理。关于这方面他作了极有价值的论述，值得我们铭刻于心。他说：“不要仅仅将债务视为一种麻烦，它还是一场灾难。贫穷不仅剥夺了一个人行善的权利，而且，当他面对本来可以通过各种德行来避免的肉体和精神诱惑时，将变得虚弱无比……

这是你首先要当心的。其次，不要向任何人借债，要下定决心摆脱贫困。无论你拥有什么，都不能一下子消耗完。贫穷是人类幸福的敌人，它破坏了自由；它使美德难以实现，或者成为空谈。节俭不仅能提供安逸的生活，而且也是所有善行的基础。一个自身都需要帮助的人是无法帮助别人的。我们必须先取得自足然后才能给别人提供力所能及的帮助。”

正视自己的事务，在开销方面要量入为出，这是每一个人必须要做到的。我们实际的生活水平，必须低于自己的收入水平，而不能高于这一水平。要做到这一点，就必须量入为出，拟订并切实地执行一个适当的生活计划。约翰·洛克曾经指出：“一个人克制自己的欲望，不至于入不敷出的最好方法是他必须时时留心自己的日常事务，定期进行收支结算。”惠灵顿公爵对他的所有收支都有一个精确而详细的账目。他曾对格雷格先生说：“我十分重视做支出账目表，并且我也建议任何人都这样做。以前我经常让自己的一位心腹去做这件事情，直到一天早晨，竟有几个催债人来讨债，这使我非常奇怪。后来才弄清楚，原来，这名心腹并没有结清我的账款，而是拿着我的钱去投机。从此，我不再继续我那愚蠢的行为。”他对债务问题的意见是：“债务可以奴役一个人。我清楚没有钱花的滋味，但我决不让自己堕入债务之中。”详细记录收支情况，在这点上华盛顿和惠灵顿的做法完全相同，而且，华盛顿对家人的支出总是仔细查看，以保证生活水准不超出自己的收入水平。即使在他身居高位当了美国总统的时候，也是如此一丝不苟。

海军上将杰维斯·圣·文森特伯爵也曾经谈起过他在早期奋斗时决不举债的故事。他说："我们家是个大家庭，然而父亲收入微薄。在我加入海军的时候，父亲给了我20英镑，这是他曾经给我的全部钱财。到了海军基地，我度过了一段相当优裕的日子。钱花光后，我向父亲再借20英镑，但是，遭到父亲的拒绝。这让我感到极为耻辱，我发誓：如果在没有十足把握偿还债款的情况下，我决不开口向别人借钱。后来，我完全做到了这一点。我一个人过日子，充分利用部队发给的津贴，我觉得我过得很宽裕。我自己清洗、缝补衣服，还用床上的被套做了一条裤子。我尽力地节省自己的津贴，以挽回我的名声。等有了一定的积蓄以后，我开始承兑汇票。从那以后，我一直小心谨慎地按照自己的收入水平过日子。"整整6年，杰维斯忍受着物质匮乏带来的各种困难，但是，他保持了自己做人的骨气，履行了自己的诺言。正是凭借这种良好的品质和坚毅果敢的性格力量，他最终成为一名高级将领。

奢华与虚荣，是一种现代病

> 上层人士每时每刻都会体验斗争的残酷和生活的压力；其中，所有高贵的自我克制的品质都受到无情的蹂躏，许多善良的天性都惨遭扼杀。

有一次休姆先生在众议院发言，使人们哄堂大笑，但他一针见血地指出，英国人的生活消费太高了。中产阶级的生活水准尽管还没有超过他们自身的收入水平，但已节节逼近，这样下去的话，这种“风尚”会对整个社会产生极为不良的影响。人们都望子成龙，可是，他们往往只会变成虚伪之人。他们只追求时尚华美的衣服，沉溺于声色犬马，这些东西决不会使他们成为果敢坚毅和有绅士风度的人。结果必然是，我们为世界培养了一大批徒有其表、俗不可耐的虚伪之徒。

这样的人想成为有教养的绅士，这将是多么可怕的奢望！尽管他们可以将自己的外表装饰得派头十足，却无法掩饰虚伪的内心。尽管他们可能并不富裕，可是他们却表现得万贯在身。他们似乎是“受人尊敬的”，其实只有从最卑鄙的意义上，即从庸俗的外表上才是如此。他们缺乏勇气以上帝所要求的方式生活，而是按照出于我们自身的荒唐的时髦方式生活，生活在一种极度虚荣和虚无缥缈的所谓的“绅士”世界之中。

在社会的竞技舞台上，上层人士每时每刻都会体验斗争的残酷和生活的压力；其中，所有高贵的自我克制的品质都受到无情的蹂躏，许多善良的天性都惨遭扼杀。任何挥霍浪费、任何悲惨生活和倒闭破产，都来自于一种可悲的虚荣心，我们并没必要为这些庸俗的成功大肆张扬。人们的欺诈行为所带来的严重后果在方方面面都有所表现，他们敢于表现出不诚实而不敢显示贫穷。每个人都是拜金主义者，他们疯狂地追逐财富，对破产者毫无怜悯之情，无辜的家园因此而毁灭。

在从印度离职之前，查尔斯·纳皮尔勋爵做了一件勇敢正直的事，他印发了《士兵守则》，此书对于印度军队中的年轻军官的放荡生活，以及由此给他们带来的可耻的债务，表示了强烈谴责。在这本《士兵守则》中，纳皮尔勋爵强调指出：“诚实是与一个有教养的绅士的性格紧密相连的。”

这一点常常容易被人遗忘。“喝了香槟和啤酒不付账，骑了马不给钱，只有骗子才会干这种事情，而不是一个绅士。”那些生活水准超过自己收入的人，以及那些常常招惹是非、欠下债务、被法院传唤的人，他们只是一名军官，而决不是绅士。纳皮尔将军认为，那种常常欠债的习惯，使人对一个绅士应具有的品质变得麻木不仁。作为一名军官，仅仅会打仗还不够，因为这种本事任何一条恶狗都有。他认为，想要成为一名绅士和一名合格的士兵，信守自己的诺言、按时偿还债务是极为重要的，只有这样，一个真正的绅士和士兵的形象才会光彩四射。贝阿德就是一个榜样，因此，查尔斯·纳皮尔要求所有的英国军官都向他学习。纳皮尔清楚他们“无所畏惧”，然而，他也要让他们“没有耻辱”。但是，无论是在印度还是在国内，总有许多年轻勇敢的士兵，他们能够在危急关头、在硝烟战火中登上敌人的城堡，能够在艰难困苦中表现出自己的英雄气概，但是，他们却没有勇气抵制糖衣炮弹的诱惑。他们难以勇敢地对感官快乐的诱惑和自己的欲望说不，而且他们宁愿勇敢地战死沙场也不愿耻笑自己的伙伴。

抵制诱惑，就是抵制堕落

勇敢地去抵制，第一次果断的决定会给生命以力量，这样抵制几次就会形成习惯。

当一个人在年轻时，他必然受到种种利益或是欲望上的诱惑。对这些诱惑的任何屈服，都是不同程度的堕落。因此，神所赋予他的天性在一定程度上就会发生扭曲。而摆脱或避免这些诱惑的唯一有效的方式就是勇敢坚决地说不。他必须马上决断，不能犹豫着考虑个中原因。因为在年轻时代，人们就像“思考问题的女人一样总是陷入困惑”。许多深思熟虑的人，总是犹豫不决，但是，“不做决定，本身就是一种决定”。一个万能的人是在祈祷中的人，“主啊，教导我们不受诱惑”。然而，诱惑会来考验年轻人的意志力。并且，只要有一次屈服，对诱惑的免疫力就会变得脆弱。勇敢地去抵制，第一次果断的决定会给生命以力量，这样抵制几次就会形成习惯。而真正的抵制力在于人们早期所养成的习惯表现，因为习惯都是人们明智地确定的，精神机器主要是通过“习惯”这个媒介来传播其发生的作用，目的就是为了减少道德的内在的伟大原则的磨损。那些让人们下意识就采取行动的良好习惯，的确是人的道德准则的重要组成部分。

休·米勒年轻的时候，生活十分艰苦，但依靠自己的意志力，他摆脱了一次次的诱惑，从而拯救了自己。那时他只是个石匠，他经常和同事一起喝上几杯。有一天他喝了两杯威士忌，当他回到家里，打开他爱不释手的《培根散文集》时，发现书上的字在眼前摇摇晃晃，而身体也已经身不由己。他说：“我使自己堕落了，我喝得头昏眼花，这是极不理智的做法，我不应该这样毁灭自己。虽然下决心戒酒是牺牲了肉体感官的快乐，但是，我决定不为了迁就自己的感官享乐牺牲自己的理智。在上帝的帮助下，我终于成功了。”

往往正是这样的决心可以改变人的一生，并且为个人将来的性格奠定了基础。如果休·米勒不是及时地以其道德的力量摆脱了这种诱惑，或许已惨遭毁灭。对于这种生活中的暗礁，每一个青少年都应当时时保持高度警觉。与挥霍浪费一样，诱惑更是青少年成长过程中最危险的和致命的敌人。瓦尔特·司各特爵士常常讲：“在所有的邪恶中，酗酒与伟大是最势不两立的仇敌。”不仅如此，它与节俭、正直、健康和诚实的生活也格格不入。约翰逊博士的事例就是千百万事例中的一个。谈及自己的习惯时，他说：“我难以克制自己，但幸运的是我把它戒掉了。”

为了有效地摆脱坏习惯的纠缠，我们不仅要有坚定的信心与其谨慎地作斗争，我们更要努力达到一种更高的道德境界。一些机械的方法，比如发誓，对戒除坏习惯有所益处，但是，更为重要的是要确立高尚的行为准则，并且努力去加强和纯化这些准则以戒除恶习。为此，一个年轻人必须严于剖析自己，把自己言行举止与自己的行为准则加以对照。一个人对自己了解得越多，他往往就会越自卑，或许对自己的自信心也会越不足。但是，你会发现这种做法对于抵御眼前的诱惑，使你将来成为一个伟大而高尚的人是大有裨益的。这是提高自我素质的最高尚的工作，因为“真正的荣耀，来自于战胜自己。否则，征服者不过是前面的那个奴隶而已”。

格言中的赚钱秘诀

许多畅销书刊为了向人们透露赚钱的极大秘密，陆续出版发行。但是，人们没有发现，赚钱其实是没有任何秘密可言的，每一个民族都有大量的谚语证实这一点。例如，“积少成多，集腋成裘”，“勤奋乃好运之母”，“没有耕耘，没有收获”，“没有汗水就没有结晶”，“天道酬勤”，“世界是属于那些勤劳和坚韧的人”，“贪吃贪睡必然债台高筑”。这些饱含哲理的字句，是代代相传的知识宝库，揭示了发家致富的最好和唯一方法。在书本出现之前，这些谚语就在人间广为流传。它们是最早的道德准则。它们经历了时间的检验，并且，人们在日常经验中证实了它们的正确、力量和真理性。关于意志力和对金钱的妙用与滥用，所罗门的格言充满了智慧：“工作中偷懒的人和生活中铺张浪费的人是孪生兄弟。”“去看蚂蚁的人，是懒汉；思考蚂蚁工作精神的人，是智者。”这位传道者说，懒惰的人必然穷困，“像云游者那样穷困，像武士那样赤手空拳”。而勤劳和正直的人用“双手创造财富”。“酗酒者和贪食者往往食不果腹，瞌睡虫难免衣不蔽体。”“谁对本职工作兢兢业业，谁就富甲天下。”但最重要的是：“智慧比黄金更可贵，智慧比珠宝更无价，它的价值无与伦比。”

充满活力的人，可以影响他人

他的经历让人惊奇，作为一个光辉的榜样，展示了一个充满活力和诚实正直的人的性格力量能够对他人的生活和行为产生巨大影响。

勤奋和节俭可使一个智力平平之人凭借自己的收入获得相当的独立性。即使是工薪阶层的人，只要他对自己的收入合理使用，精打细算，同样也能做到这一点。一分钱虽然微不足道，然而，无数家庭的幸福正是建立在对每一分钱的合理使用和节省的基础之上的。如果我们不珍惜这每一分钱而使勤劳所得随意从指缝里流走，一些送给了啤酒屋，一些以这样或那样的方式花掉了，那么，终有一天我们会发现自己的生活与动物并没有多大差别。相反，如果他不轻易乱花一分钱，一部分钱用于社会福利事业或投资保险基金，一部分钱存入银行，其余的全交给妻子用于家庭日常生活开支和家庭成员的教育费用，那么，不久他就会发现这种对每一分钱的重视会带给他丰厚的回报——个人收入不断增加，家庭生活越来越红火，对将来心里也无须担心。假如一个从事实际工作的人，拥有远大的志向和非凡的精神财富，那么，不仅他自己会从中得益，其他人也会在他那里受益匪浅。这种事情并非困难，哪怕一个在车间劳动的普通工人也能做到。在曼彻斯特铸造车间工作的托马斯·赖特就是其中的一个典型，他通过不断的努力，最终对许多罪犯进行了成功的改造。

一次偶然机会，托马斯·赖特遇上了一个难题，他打算使一个刑满释放的罪犯在悔过自新中做一个诚实勤劳的人。从此，他把注意力转向对罪犯进行改造的契机。此后不久，他开始全身心地投入到这一问题中去，并决定把解决这一社会问题作为自己的人生目标。尽管他每天从早上 6 点到晚上 6 点都得在工厂上班，但他还是利用自己的空余时间——主要是周末——去从事对犯罪分子的教育改造。在当时，犯罪分子的确是被社会所遗忘的一群人。虽然，赖特从事这一工作的时间非常有限，但是取得了显著的成效。令人难以置信的是，在 10 年时间里，这位在工厂劳动的普通工人通过自己不懈的努力，将 300 多名重罪犯从罪恶的深渊里拯救出来，使他们痛改前非，重新做人。人们都认为他是曼彻斯特中央刑法院的道德医生。在卓别林等人都失败了的地方，托马斯·赖特却获得了非凡的成功。许多青少年通过改造又回到了父母身边；许多罪犯经过改造回到了自己的家中，而且真正是浪子回头，改过自新，成为一个个诚实勤劳的人。完成这一工作决非易事，需要大量的时间、金钱和精力，尤为可贵的是，赖特用自己在铸造厂劳动所得的微薄收入救济了许多被逐出家门的人。每年他在这方面的支出高达100英镑，对于一个铸造工来说这是怎样的一笔巨款啊。在给罪犯提供物质资助、赢得他们好感的同时，他还通过省吃俭用合理安排了家庭的日常生活所需，并为自己积累了部分钱财作为养老的费用。每一周他都必须经过周全考虑，将工资进行分配，一部分用于衣食住行，一部分用来交房租，一部分用于学校捐赠，一部分用于救济穷苦贫民，而且这一系列分配，他自始至终都严格执行。通过这种方法，这位普通的工人实现了自己的伟大目标。的确，他的经历让人惊奇，作为一个光辉的榜样，他向我们展示了一个人内在的驱动力，展示了小钱经过周全考虑和恰到好处的使用能够达到的奇迹，展示了一个充满活力和诚实正直的人的性格力量能够对他人的生活和行为产生巨大影响。

点点累积，步步富裕

> 在挣钱的过程中，无尽的精力必不可少，积累财富则是最高的独立目标。

无论从事哪种工作，不管是耕种土地，制造工具，纺织棉纱还是站柜台，只要这份工作是正当的，是凭借着力气、技术赚钱的，都不会使人降低身价和蒙受耻辱，相反，只会给人带来荣耀。可能有一些年轻人在经营木尺或量度丝绳，而从事这一职业并不会使他丢脸，除非他的心胸超不出这把尺子或这根丝绳的范围，像尺子一般狭窄的心胸，像丝绳一般短浅的见识。福勒曾经说过：“不是那些有正当工作的人应该感到羞耻，而是那些没有合法职业的人应该感到害臊。”大主教海尔也曾说过：“无论是从事体力劳动还是脑力劳动，所有职业的前途都是美好的。”那些从身份卑贱爬到上层社会的人与其说应该感到脸红，不如说应该倍感骄傲。当有人问一位美国总统，他的战袍是什么（耻笑他年轻时候当过伐木工人），他自豪地回答："一副衬衫袖套。"尼申斯的大主教弗里切年轻时曾经从事制造蜡烛的行业，有一次，一位法国医生心怀恶意地耻笑他，刻薄地谈起他的出身，打算让他难堪。弗里切回答道："如果换成你，恐怕你到现在仍然还是个蜡烛制造匠。"

在挣钱的过程中，无尽的精力必不可少，积累财富则是最高的独立目标。一个人如果全身心地追求这一目标，极少有不成功的。但是，量入为出，点滴积累，让财富日益增加，却极少有人能做到。奥斯特瓦尔德是巴黎的银行家，他之前曾经一贫如洗。每天晚上，他都要到一家饭馆去吃晚饭并喝上一品脱啤酒，然后把所能找到的所有软木塞收集回去。他这样生活了 8 年，这些软木塞竟然卖了 8 个金路易。而这 8 个金路易就成了他发家的本钱，他开始投资股票，死后留下了大约 300 万法郎的遗产。约翰·福斯特举了一个非常鲜活的例子来说明决心在挣钱过程中的巨大作用：有一个年轻人，祖上给他留下了一笔巨额的家产，可他声色犬马，恣肆挥霍，终于家徒四壁，穷困潦倒，绝望之中他冲出家门想一死了之。可是到了原野上，他被周围美丽的景色深深地吸引住了，而这片原野曾经就是他的地产。他伤心地坐下来沉思片刻，然后站了起来决定痛改前非，重振家业。他返回街上，看见一幢房子前的人行道上停着一辆运煤的货车，而煤撒了一地，他帮着把煤装进车里，并从此受雇于这项工作。那一次，他得到了几个便士的奖赏，另外，还有一些酒肉。他把这几个便士小心翼翼地积攒起来。这样，通过这种奴仆性质的劳动，他一点一滴地挣钱，也一点一滴地攒钱。最后他用积攒起来的钱做牛羊生意，由于他对行情非常熟悉，因此做起来得心应手，很快便赚了一笔钱，有了更多的本钱后，他又开始做其他生意。最后正如我们想象的那样，他发财了，恢复了往日家业。但是，他变得极为吝啬，成了一个地地道道的守财奴。在他死了之后，几乎无人去给他送葬。如果他慷慨一点，并且以攒钱的决心适当散财的话，他或许会成为一个慈善家，这对所有人都有好处。这种生活和结局非常可悲。

拜金，只会是贪婪者的墓志铭

毫无疑问，如果以一个人所拥有的
金钱来衡量他的成功，是种愚蠢的做法。

在以前，为别人和自己带来舒适和自由独立，既是无比荣耀的事，也是人们所乐于去做的事情。一个人如果仅仅只是为了积累财富，是心胸狭窄和十分悭吝的。不要养成无限制地省钱和存钱的坏习惯，这一点是每个聪明人都必须注意的，而且，对年轻人来说，生活过分节俭很可能养成贪婪的性格，过犹不及，在这方面是美德的东西在其他方面很可能变成邪恶。对金钱的崇拜，而不是金钱，才是罪恶的渊源。对金钱的崇拜禁锢和压迫着人的灵魂，它关闭了通向慷慨大方的生活和行动之门。因此，瓦尔特·司各特爵士指出："宝剑能逼退一个人的身体，金钱能收买一个人的灵魂。”商业活动所独有的弊病就在于使人的性格趋向于机械化。商人容易形成思维定势，一叶障目。如果他只为自己而活着，他就很容易把其他人都当作自己的对立面。只要翻一翻他们的账单，他们的生活就会赤裸裸地展现在我们的眼前。

毫无疑问，如果以一个人所拥有的金钱来衡量他的成功，是种愚蠢的做法。从本性来说，每个人都想成为一个成功者。每一个意志坚定、头脑敏锐、动作敏捷的人，一旦抓住机会，都会立刻行动，不择手段地赚钱。这些人完全有可能既没有高尚的品质，也不会实施任何善行。一个一心只想着钱而意识不到更高意义的人，尽管他可以腰缠万贯，但他始终只是一个非常可怜的生物。金钱决不是任何道德价值的证据。金钱的闪光只能吸引它的所有者那可怜的视线，正如萤火虫的光亮只能把自己暴露给它的捕捉者。

陷于拜金主义泥沼的人们，很像某只贪婪的猴子，它对某些人形成绝妙的讽刺。据说，在阿尔及尔地区，农民把一只葫芦形状的细颈瓶用绳子固定好，系在一棵树上，然后在细颈瓶里放入一些大米，这只瓶的瓶口仅能容猴子的一只爪子进出。到了晚上，猴子来到树下，把爪子伸进瓶里，抓住自己的战利品。然后，它试图把爪子拉出来，但由于它死死地握住大米不放，爪子怎么也抽不出来。就这样，直到第二天早晨，当它被人捉住的时候，它还是那样愚蠢地握着战利品不放，或许它还在为抓住了大米而感到骄傲呢。这则小小的故事告诉我们一个深刻的道理。

总而言之，人们高估了金钱的力量。世界上最伟大的事业并不是由那些富人完成的，也不是通过募捐而完成的，而是那些收入微薄的人们的壮举。那些最穷苦的人的基督教的精神传遍了半个世界，那些最伟大的思想家、发明家、发现者和艺术家也都是一些节俭的人，就生活境况而言，他们中的许多人与那些体力劳动者并无多大区别。事情往往就是如此，对于人们的好学上进而言，财富与其说是动力，不如说是阻碍。在很多时候，它带来的不幸与幸运相当。那些家业殷实的年轻人，因为什么也不缺乏，生活得过于顺利，很快就会安于现状，对一切心满意足。由于没有任何特别的奋斗目标，他会觉得很难打发时间，他的道德与精神仍处于昏睡状态，和随着潮水涨落的水螅相比，他的社会地位并没高出多少。“他唯一的工作就是打发时间，而这样的工作是如此枯燥乏味，如此不堪忍受和不胜悲哀。”

真正被尊敬的，是那些具有高尚品德的人

> 最成功的人并不是那些获得了最多的感官快乐、最多的钱财、最大权力或地位、最高的荣誉或名声的人；而是那些勇敢无畏、勤奋工作、为人类尽职尽责的人。

然而一旦富人被高尚的道德情操所激励，他就会视懒散为懦弱，丢弃无所事事的生活方式。而且，当他想到了与他所拥有的财富相应的义务，他就会比那些卑微者更强烈地感受到使命的召唤。当然，这种使命感必须付诸实施。或许阿果人的祷告语是我们所知道的祷告语中最好的：“不要使我贫穷也不要让我富有，只要能让我养家糊口便足够。”在曼彻斯特城的皮尔公园中，下院议员约瑟夫·布鲁彻顿的墓碑

上刻着他一生的真实写照："我的财富不在于我大量的物质财富，而在于我那点小小的精神追求。"约瑟夫出身低微，曾经当过工人，但是，他由于诚实、勤劳、守信和节制而声名远扬、地位显赫。到了退出议院之后的晚年，他到曼彻斯特的一个小教堂里当了牧师。他兢兢业业，尽心尽责。每一个认识他的人都深知他的为人，他做任何事情都不是"给人们看"，或者赢得他们的赞许，而是凭自己的良心，尽自己的义务，使最卑微的小人物也成为一个诚实、正直、充满爱心的人。

"值得尊敬的人"，就其本义而言，是无可厚非的。一个值得尊敬的人是能够获得人们尊重并且确实值得人们去关注的，但是，如果这种可尊敬仅仅是表面上的，那就决不值得人们去注目了。一个品行良好的穷人比一个道德败坏的富人要值得尊敬，一个地位低下默默无闻的人比一位声名狼藉有犯罪记录的无赖要好得多。一个知识渊博、目标远大而又能权衡利弊的人，不管他从事什么样的工作，都会比一般人有更强的责任心。人生的最高目标就是要养成和具备勇敢的品格，使我们的精神和肉体，包括良心、灵魂、智慧和气质，都尽可能地得到充分的发展。这也意味着：我们对任何东西都必须加以考虑，除了财产以外。

因此，最成功的人并不是那些获得了最多的感官快乐、最多的钱财、最大权力或地位、最高的荣誉或名声的人；而是那些勇敢无畏、勤奋工作、为人类尽职尽责的人。从某种程度上说，金钱是一种力量，但是，智慧、热心公益的精神和道德品质也是一种力量，而且比金钱的力量要高尚许多。柯林伍德勋爵在给一位朋友的信中写道："让其他人去申请退休金吧，没有金钱我也一样富有，我可以通过自己的劳动使生活过得优裕。假如不被任何不纯洁的动机所玷污，我会在我的土地上自食其力。我和司各特可以继续在菜园里种植卷心菜，所有开销也不会比以前更大。"还有一次，他说："我只想能够支配自己的行动。拿100份退休金和我做交易我也不干。"

发财致富毫无疑问会使一部分人"融入社会"，正如他们自己所说的那样。但是，请特别注意，他们必须具备各种精神、感情和行为的品质，否则，他们就只限于富人，仅此而已。有一些"在社会里"的人，像克利萨斯一样富有，可是他们并没有引起人们特别的注意，也没有赢得任何尊重，这是什么原因呢？因为他们只不过是一只只钱袋子，他们的力量只能在自己的钱柜里发生作用。一个人生活在社会里的标志在于他是舆论的导向者和统率者。一个真正成功和有用的人，并不一定需要富甲天下，而在于他高贵的品格，在于他丰富的经验，在于他良好的道德。如果一个穷人，像托马斯·赖特一样，即使物质上并不十分富裕，但他关心人性的改造，懂得金钱的妙用，将自己的财富和能力用在有益的事业上，这样的话，他也可以毫不嫉妒地鄙视那些成为钱袋子、成为地主的世俗成功者。

第五章

修炼自我，卓越是对勤奋者的报偿

应当时刻铭记在心的还有另外一点：从书本中获得的经验，尽管宝贵，实质上仍只是知识的积累；而真正的智慧之源是取决于生活之中的，其价值要比前者大得多。

自己是自己最好的老师

> 往往解决了这个问题就是解决另一个问题的关键，而这样，知识也就转化成为才能。

本杰明·布罗迪爵士在去世前愉快地回忆起瓦尔特·司各特爵士的名言——“每个人所受教育的精华部分，就是他给自己所教的东西。”他常常庆幸自己曾经进行过专业的自学，而这种情况其实适用于每一个在文理科或艺术领域内的成就卓越者。在学校里获取的教育仅仅是一个开端，其主要价值在于训练思维并使其适应以后的学习和应用。一般说来，通过自己的勤奋和坚韧所得的知识比别人传授给我们的知识更加深刻久远。原因是，靠劳动获得的知识是一笔完全属于自己的财富。它更为活泼生动，使人印象深刻，而这恰恰是靠别人传授教育所无法比拟的。这种自学方式不仅能产生前进的能力，更能培养力量。往往解决了这个问题就是解决另一个问题的关键；而这样，知识也就转化成为才能。不需要设备，不需要书本，不需要老师，也不需要死记硬背，自己的积极努力才是关键所在。

那种时刻准备着的人才是最好的老师，他们意识到自学的重要性，并鼓励学生通过自己能力的积极锻炼来获得知识。他们更多的是依靠锻炼而不是直接传授，并努力使学生成为正在进行的工作中的一员，这样的教育比一味被动接受教育更为高明，也不那么枯燥乏味。这些心得便是阿诺德博士工作中的精髓，他竭力使学生依靠自身积极的努力而得到提高，而他本人所做的仅仅是引导和鼓励。他说："如果把一个孩子送到牛津大学享受安逸舒适而不好好利用自身的优势，我更乐意把他送到凡帝门的田里务农，在那里他必须自耕自给，自谋生计。"在另一个场合他又说："如果真有什么事情值得钦佩的话，那就是看到天性愚笨的人受到上帝的恩赐，得到诚恳、真挚、勤勉的培育。"当提到这样的一个学生时，他说："我要向他脱帽致敬。"有一次在勒汉姆，阿诺德在教导一个非常迟钝的男孩时，由于失望，因此话语有些尖锐。这个学生审视着他的脸，直视他的眼睛，说道："您为什么生气呢，先生？事实上，我已经尽力了。"很多年以后，阿诺德还常常对他的孩子讲起这件往事，并告诉他们："我一生从未有过如此的震撼，那种眼神，那些话语，我永远也无法忘记。”

如上所述，众多地位卑微者通过自己的努力终于在文理科领域取得卓越成就并得享大名，从中可以明显地看出，即使是最高等的智力教育与体力劳动也不是相互对立的。适度的劳作不但对人的体质有益，而且使人心灵健康。劳动之锻炼身体，正如学习之培育心智；社会的最完美状态就是它既能为每个人提供工作，又能让每个人拥有一定的闲暇。有闲阶级甚至也不得不参加劳作，有时是为了摆脱空虚无聊，而更多的则是出于他们无法抗拒的本能需要。有人到英国乡村捕狐狸，有人到苏格兰山上打松鸡，而更多的人每年夏季去瑞士登山闲逛。此外，公共学校举行的划船、跑步、板球、田径运动，使得我们年轻人强体益智。据说，惠灵顿公爵回到伊顿学院，他看到男孩们在操场上参加运动，在这个他度过孩提时代的地方，他无限感慨地说：“就是因为在那儿待过，我才能够打赢滑铁卢战役！”

丹尼尔·马尔萨斯激励他正念大学的儿子：在尽最大努力勤奋学习的同时，也要积极地参加体育锻炼，因为这是保持旺盛的精力，同时也是享受智力愉悦的最好方式。他说：“每一门自然科学与艺术的知识，都能愉悦并增强人的心智。板球能同时锻炼你的四肢，这使我极其高兴，我很欣慰地看到你把身体锻炼得很强壮。我认为在锻炼身体的同时，在很大程度上人的精神也得到了愉悦。”而对于积极劳动的益处说得更好的是杰勒米·泰勒——一位伟大的神学家，他说：“避免慵懒，用严格有效的劳作来充实每一寸光阴；无所事事使人生出闲情，如果有事可做，人们就会勤勉、健康；因为在所有劳动中体力劳动最为有用，也最益于祛除心魔。”

健康是一切的本钱

伟大人物的伟大之处就在于其身体健康和智力超群。

身体健康是事业成功的重要依赖，遗憾的是，这一点并不为大众所注意。霍德森在一封给英国朋友的信中写道："我相信，如果说我在印度过得很舒心，从身体上讲，这得归功于良好的消化能力。"无论何种行业，很大程度上都必须取决于这一点；因此参加运动，甚至仅将其当作脑力劳动的调节方式就显得尤为必要。很可能就是由于忽视身体锻炼，我们在学生中经常发现这样一种不良倾向：不满足，不快乐，不活跃，爱幻想，甚至表现出轻生厌世的想法。这样一种倾向在英国被称作拜伦主义，在德国则被称作维特主义。凯宁博士也注意到这种情况越来越多地出现在美国，因此他指出："我们的年青一代中绝大多数人都生长在绝望之中。"针对这种年轻人的症状，让其参加体育锻炼或者体力劳动，是唯一有效的治疗方法。

童年劳动对个人人生的影响，表现得最好的是艾萨克·牛顿爵士的童年。尽管这种劳动对一个孩子来说比较沉闷，但他仍然孜孜不倦地用锯子、锤子和斧子"在他的卧室里敲敲打打"，做出各种各样的风车、马车、机器模型。长大后，他仍然很乐意为朋友们制造小桌子和小柜子。斯密顿·瓦特和史蒂芬逊少年时也是勤于劳动的孩子。但是，如果没有这种自我修炼方式，成年后他们能否取得如今巨大的成就就值得怀疑了。在前面章节所描述的大发明家和机械师，他们的发明天才是在年轻时不断的劳动过程中培养的。通过训练，即使是手工劳动者也能够提高成为纯脑力劳动者，在日后的工作中他们经常会发现早年劳动所带来的惊喜。艾里乌·伯利特说他发现体力劳动能提高自己的学习效率，于是他常常放弃教书和学习的机会，重新系上皮围裙，回到铁匠的锻炉和铁砧边，为的就是体质和心态的健康。

使用工具，对年轻人来说，在培养他们学会生活常识的同时，还教会他们使用双手和大脑，熟悉有益健康的工作，在具体的实践中逐渐提高才干；给他们灌输实干能力的思想，让坚韧不拔的精神最终在他们心中生根发芽。严格地说，在这点上，与有闲阶级相比，所谓的工人阶级占有明显的优势——他们在早年就不得不从事机器生产或其他工作，因而逐渐变得心灵手巧。所谓劳动阶级最主要的缺陷并非在于他们从事体力劳动，而在于他们专门从事体力劳动，而道德和智力因此被忽略；相反，有闲阶层从小就教育孩子：劳动是卑贱的，要避而远之。等他们长大后自然地蔑视劳动。而贫苦阶层的人们，自小生长在从事体力劳动的圈子中，对教育几乎采取忽视的态度，长大后大都目不识丁。然而，把体力训练和文化教育有机地结合起来，就可以避免上述两种极端现象。种种迹象表明，推行一种更健康的教育体制是完全可行的。

身体健康对于专业人员的成功在很大程度上也同样重要，一位作家曾说："伟大人物的伟大之处就在于其身体健康和智力超群。"对任何成功的律师或政治家来说，拥有健康的呼吸器官和接受良好教育是必不可少的条件。血液与氧气在具有呼吸功能的肺部表面结合，在很大程度上对保持思维活跃这一至关重要的能力是必需的。律师只有经过势均力敌的激烈辩论的磨炼，才能登上事业的顶峰；政治家只有在拥挤的议院里发表亢奋冗长而蛊惑人心的演讲之后，方能飞黄腾达。因此律师和国会领袖在除了比拼才能之外，更为重要的显然是较量身体的耐力和活力。布勒汉姆、林德赫斯特、坎贝尔、皮尔、格罗汉姆、帕尔罗斯顿这些大人物身上都充分体现了这种耐力与活力。

在爱丁堡大学时被人戏称为“希腊大笨蛋”的瓦尔特·司各特爵士，体质却非常强健：他能在特威德河与最好的渔夫一起扎鲑鱼，在耶洛与骑术高超的猎人一起驯烈马。在后来，当他从事文学研究时，他对野外活动的兴趣仍未消减：他在早上从事《维拉利》的写作，下午就去猎野兔。威尔逊教授是个优秀的棒球运动员，这是鲜为人知的，大家只知道他能言善辩、擅长写作，是个优秀的作家。年轻时，彭斯在跳远、投掷和摔跤方面都非常出色。许多神学家年轻时在体育方面也很抢眼，艾萨克·巴罗在卡尔特修道学校时就因善于拳击而经常鼻青眼肿，当然除此之外，他还获得了不错的名声。安德鲁·福勒出生于索汉姆一个农夫的家庭，其亦因拳击而闻名；而亚当·克拉克孩提时仅仅因为力气大到能“随意滚动大石块”而出名，而这也许就是他今后“思维活跃”的秘密所在。

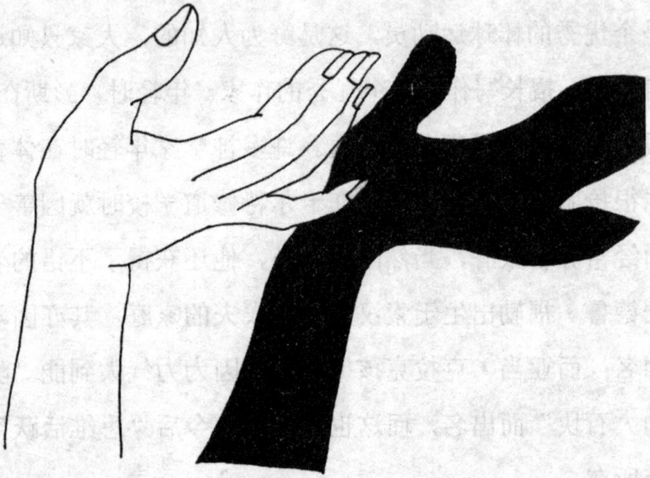

没有人能够贬低你的价值，关键在于你怎么看待自己的工作。

卓越是对勤奋的报偿

> 世界上的一切困难，都将被百折不挠者所跨越，百折不挠是困难的克星。

因而，健康体质对我们而言非常重要，但我们也必须认识到，培养学生令其养成良好思维习惯同样重要。“劳动万能”这句话只有在掌握知识的前提下才是真理。学习之门对所有能把劳动和学习有机结合起来的人们敞开。世界上的一切困难，都将被百折不挠者所跨越，百折不挠是困难的克星。查特顿有一句经典名言：“万能的上帝把人送到了世界上，在困难中，如果他愿意，他的手可以够得到任何东西。”学习与经商一样，能力只是重要的因素之一：我们不仅要趁热打铁，而且在此之前也要不停敲打，直到使它变热为止。精力旺盛和持之以恒的人必将细心利用每一次机会，在懒散者不屑一顾的时间的夹缝里通过自学而获得令人惊讶的成绩。凭着这种精神，弗古逊身裹一张羊皮爬上高山，观察天文现象；斯通在做园丁时推演数学；德鲁在修鞋的间隙中研究最深奥的哲学；米勒在采矿场做临时工期间自学了地理知识。

最为崇拜勤奋力量的要数乔舒亚·雷诺兹爵士了。他坚持认为通过孜孜不倦、勤勤恳恳的工作锻炼可以使人变得优秀；辛劳成就天才之路，艺术家的技艺是无止境的，而有止境的是他自己付出的汗水。他并不相信所谓的灵感，他只相信学习和劳动。他说："只有劳动，才配得上优秀这一殊荣。""如果你是天才，勤勉将不断提高它；如果你才能平庸，勤勉会弥补它。被正确引导的劳动不会付之东流，而不付出劳动则必将一无所获。"对学习的力量同样相信的还有福韦尔·柏克斯顿爵士。他谦虚地戏言，只要付出双倍的时间和努力，他能做到和其他人一样出色。他坚信，即使平常的方法，只要加以不寻常的运用，也能达到好的效果。

罗斯博士曾说："我一生中认识几个人，我相信，有朝一日他们会被人们视为天才，然而他们却是勤奋积极的人。天才因为成就而出名，没有成就的天才就像盲目的信仰和静默的圣谕。然而只有通过时间和努力才能有所成就，依靠异想天开终将一事无成……每一次伟大的成就都是无数次反复练习的结果，才能产生于劳动。任何成就都不可能唾手可得。甚至连走路，一开始也是举步维艰。在演讲时目光里闪烁着智慧的火花、口中妙语连珠的演说家，他知道成功的秘密在于耐心地重复，并要忍受痛苦和失望。”

先做好一件事，再去做第二件

伊格内修斯·劳拉有一句名言：“一次做好一件事情的人比心有旁骛者优秀。”

学习上必须达到的两个目标是全面性和准确性。弗朗西斯·霍纳在给自己制订学习计划时，特别强调要完全掌握一门学科就必须持续不断地运用它。他瞅准一个目标，往往把注意力只集中在特定的几本书上，并且坚决反对“任何散漫杂乱的读书态度”。知识的价值并非在于它的数量有多少，而主要在于它如何被运用。因此在实际运用中，少量准确而精细的知识往往比宽泛而粗浅的知识更有用。

伊格内修斯·劳拉有一句名言：“一次做好一件事情的人比心有旁骛者优秀。”如果把注意力过多地用在事情表面上，就难免会分散我们的精力，阻碍进步，最终一无所成。圣·里奥纳多爵士在给福韦尔·柏克斯顿爵士的信中谈到他的学习方法，并解释自己成功的秘密。他说："学习法律伊始，我将获取的每一点知识消化吸收。在所学知识没有充分吸收之前，我绝不会另学其他的知识。我的许多竞争对手在一天内读的东西我得花一星期时间才能读完。而一年后，对这些内容，我依然记忆犹新，但是他们，难保不忘个干净了。"

知识的积累多少与读书的数量或读书的速度没有直接的关系，而在于有目的的、适当的学习，在于学习某一学科时的思想专注程度，在于整个思维运动体系能遵循连续的原则。艾伯尼西认为：他的大脑有一个饱和点，如果填塞进去的东西超过这个极限，那它只好挤掉另外一些东西。在谈到医学时，他曾说："如果一个人确定想做一件事，那么，他在选择通往成功的方法时就绝不会马虎。"

对于学习最有利的方法便在于目标明确，时刻将获得的知识付诸实践才能真正地掌握它。因而，仅仅拥有书籍或知道在哪儿能找到所需要的信息，还远远不够。我们必须拥有符合个人实际能力的人生目标，并积极主动地为之奋斗。自称家财万贯而实际一贫如洗不是真正的富有。我们自己必须拥有足以应付任何形势的大量知识，否则，在需要的知识面前，我们只能手足无措、一筹莫展。

果断和敏捷对学习和经商非常重要，这是大家所共知的。

我们要尽量让年轻人习惯于依靠自身的力量。在童年时，任由他们最大限度地享受自由行动的乐趣，这些都有助于他们提高果断和敏捷的素质。过多的指教和限制反而会妨碍他们自立精神的形成，就像在旱鸭子胳膊下捆上一个气囊一样，这会让他们永远学不会游泳。缺少自信是阻碍进步的另外一个致命原因，遗憾的是，人们并未普遍意识到这一点。据说，人生中一半的失败是由于缺乏自信心、不敢尝试造成的。约翰逊博士便常常把他的成功归因于自己自信的能力。尽管有这样一些人，脑袋空空却喜欢自欺欺人，但适当的谦虚与正确评价自己的优点是不相冲突的，谦虚并不意味着否定所有的优点。缺乏自信继而导致优柔寡断，这是性格上的缺陷，阻碍个人的发展进步更甚。尝试不够往往会导致收获甚微。

刻苦才是真正的聪明

> 约翰逊博士认为“学习上缺乏耐心是当代人的精神缺陷”，这句话于今天仍然适用。

一般情况下，绝大多数人都希望获得自学能力，然而，对必要的努力却甚为反感。约翰逊博士认为“学习上缺乏耐心是当代人的精神缺陷”，这句话于今天仍然适用。我们或许并不相信在学习的道路上有什么阳光可言，但是我们似乎深信有一种“受欢迎的”方法。在学校里，我们总想找到一种省力的捷径通往科学的殿堂，“在十二节课里”或者“不需要老师”就能学会法语和拉丁文。我们模仿那些时髦的女士，她们聘请老师来指导学习，条件是他不得用语法和分词折磨她们。以同样的方式我们获得了点点皮毛知识，学化学就靠听一小段有趣的实验讲演：吸进氧气，看见绿色的水变成红色，磷粉在氧气中燃烧。我们仅学得一点皮毛，尽管它比一无所知要强，但是依旧没有价值，而我们还沾沾自喜地称之为“寓教于乐”。

脑子里有这种想法的年轻人都指望不劳而获，这种教育很失败。这样的学习虽然节约脑力，却不能提高智力，当时或许能给予我们刺激，产生一种对知识的渴望和机敏。但是，由于缺乏比娱乐更高的目的，它终究是没有真正价值的。在这种情况下，知识只会产生一种短暂的印象，而且仅是一种感觉。实际上这种靠感觉的方式就是聪明的享乐主义的表现，这不是智力。因此许多只能被活力和独立性激发的最佳的想法，现在却沉睡不醒，很少被生活召唤过，除非遭逢大难，它才会从睡梦中惊醒。

当年轻人一旦被“寓教于乐”蒙骗，便会很快排斥勤奋的学习方式。为了在运动嬉戏中学到知识，他们急功近利、急于求成，扎实的精神随着时间的推移烟消云散，取而代之的是思想的涣散和性格的软弱。罗伯特曾说：“各种各样的学习方式和吸烟一样有害，而这也正是其长期蛰伏的原因。它容易使人滋长惰性，也使人软弱无能。”

这种恶习会不断滋长，并且四处蔓延，轻则让人浅尝辄止，重则对脚踏实地的劳作深恶痛绝，使人意志消沉。我们一开始就应该像祖先一样勤勤恳恳，如果我们够聪明的话，因为劳动仍然是而且永远是取得价值的代价。我们必须有明确的目标，并且耐心等待。所有最好的进步都是渐进的，对于满怀信心且积极热情的人，报酬无疑会适时到来。一个人在日常生活中表现得越勤奋，他的声望也就越高，能力也就越强。但是，除此之外，还要持之以恒，因为学无止境。诗人格雷说：“劳动是欢快的。”伯兰杰则说：“用掉总比锈掉好。”阿诺德问：“难道我们永远没有停步休息的时候吗？”“永不言止。”——这是马尼克斯·圣阿尔德贡德毕生的座右铭。

我们得到了造物主赋予我们的才能，并且得以正确使用，我们才受到人们的尊敬。合理运用一种才能的人，比同时拥有十种能力却不能合理运用的人更受人尊敬。的确，拥有很高的才智可以像拥有世袭的巨额财产一样体现个人的优越。然而，怎样运用这些能力？这如同这笔财产用来做什么？一个人可能积累大量的知识却毫无用处，因此，知识必须与智慧相联系，并且表现出崇高正直的品格，否则便毫无意义。佩斯特拉齐甚至认为：“智力训练就其本身来说只是有害而无益，所有知识必须根植于受正确引导的意志之中。”知识的获得可以引导人们避免走上邪道，但不能防止自私自利，只有正确适当的准则和习惯才能改正自私自利。因此，在现实生活中我们总能发现许多这样的例子：知识渊博，性格却完全扭曲变形的人；饱读经书，却毫无实践能力的人；把“知识就是力量”时常挂在嘴边却往往成了狂热者、专制者和野心家的人。在缺乏正确引导的情况下，知识本身只会使恶人变得更危险，更邪恶。

如今我们夸大了文化教育的重要性？这是有可能的。我们总是习惯性地认为，随着图书馆、科研机构和体育馆的增加，我们就在不断地发展进步着。的确，这些设施对自学有一定的帮助，但同时也往往阻碍个人达到自学自教的最高境界。有可以随意使用的图书馆未必能博学，就像富有却未必慷慨一样。毫无疑问，我们拥有了伟大的设备，但一个人想智慧通达仍只有通过自己的观察、专注、坚韧和勤奋才能达到。纯粹地占有知识在某种程度上与智慧通达相去甚远，与阅读相比，后者达到一种更高的训练，而阅读是一种往往沦为对他人思想的消极接受的方式，其中很少或者根本就没有积极主动的思维活动。这种阅读方式只能激发一时之情感，对思想的丰富提高和性格的塑造没有半点效果。许多顽固者还抱有这种不切实际的想法，以为他们正在锻炼自己的心智，而实际上却只是在玩一种低级的打发时光的游戏，其最大的好处仅仅使得他们没有时间去做更恶劣的事情罢了。

真正的智慧来自于生活

无论何种形式的学习，既无法直接也无法间接地使我们变得更好，它最多是一种精妙却华而不实的打发时光的方法，而以此获得的知识在某种意义上也无非是一种可信的无知而已。

应当时刻铭记在心的还有另外一点：从书本中获得的经验，尽管宝贵，实质上仍只是知识的积累；而真正的智慧之源是取决于生活之中的，其价值要比前者大得多。博林布鲁克爵士说得很准确："无论何种形式的学习，既无法直接也无法间接地使我们变得更好，它最多是一种精妙却华而不实的打发时光的方法，而以此获得的知识在某种意义上也无非是一种可信的无知而已。"

也许对我们有益的是良好的阅读，但也不过是培育心智的众多方法之一，与实际经历或榜样对塑造个人性格的影响相比要逊色得多。英国远在教育普及之前就培育出了许多智慧、勇敢而诚实的智者。《大宪章》就是由一群没有多少文化的人用他们自己的符号谱写的，虽然他们并不熟谙文字表达的原则之道，但他们懂得如何理解、尊重并勇敢地保护这些原则。正是这一群没有太多文化却无比崇高的人为英国的自由奠定了基础。我们必须承认，向人们填充他人的思想，使他们成为别人思想的奴隶和接收器，这并不是教育的首要目的，真正的目标是要拓展个人的才智，使他能够在任何生活环境中应付自如。许多精力充沛、贡献极大的人物很少读书：勃兰得利和史蒂芬逊成年后才学会识字，但他们却成就卓著；约翰·亨特在 20 岁时还不识字，但他做的桌椅却能与最好的木匠媲美。“我从不看这个，”这位伟大的科学家曾在一次课堂上指着某一门学科的书说，“假如你想在你的专业领域里有所成就的话，你必须自己去研究。”当他得知某位名人指责他轻视阅读时，他说：“我愿意告诉他，对于动物尸体，任何语言都一无是处。”

因此，掌握了多少知识并不是最重要的，真正重要的是掌握知识的目的。掌握知识的目的应该是丰满智慧、改善修养，应该是使我们更好、更幸福、更有用，应该是让我们更加精力充沛地、效率更高地去追求人生的崇高目标。“当人们一旦染上一味欣赏崇拜的恶习，而从不关心道德时——宗教理念和政治信仰即是道德品性的具体表现，那么他们正在急剧退化。”我们必须自己去成为、自己去做，而不仅仅停留在满足于阅读别人的东西，思索把玩别人曾是如何又或曾做过什么。生活是我们最好的启迪，我们必须将行动作为最好的思想。正如里克特所说的那样：“我已尽己所能，无愧于心了，任何人都不应该再向我要求更多。”我们每个人都有一个神圣的义务——在上帝的帮助下，根据自己的责任和天赋磨炼自己！

实践智慧之始便是自律与自制，它们根植于自尊；而力量的伴侣——希望，成功之母，也是源于自尊。谦逊之人也许会说：“尊重自身，发展自身，这是我生活中真正的义务所在，作为社会这一伟大的体系中不可或缺和负责任的一分子，我属于社会和上帝，我不会损害我的躯体，也不会堕落退化。我必将努力扬善除恶，使自己的品性尽善尽美。”我懂得自尊，亦尊重别人，而别人也必将会尊重我。因此，法律就为相互尊重、公正、秩序提供了保障。

自尊就像一件高贵的外衣，它能升华人的思想。“尊重自我”是毕达哥拉斯在其《金玉良言》中要求学生去做的，这是史上最智慧的格言之一。有了这一崇高思想，他不会因淫欲而堕落肉体，也不会为奴性而玷污心灵。这一品行，推及日常生活，便成为各种各样的美德之根本——洁净、庄严、贞洁、道德高尚和宗教虔诚。弥尔顿曾说：“虔诚而公正地尊重自我乃是一切有价值的美德之开始。”思想上的自贬不仅贬低了自己，也会贬低他人，而思想如此，行动上也必然是这样。如果一个人将自己看得过低，自然会精神萎靡不振，要振奋精神必须抬头仰视。适度的自尊让最卑贱之人傲然而立，贫困也会因此而不显可耻。一位身陷困境却不卑不亢的勇士是令人敬佩的。

自我修养绝不仅仅是一种“生活”的手段，如果以相反的观点来看的话，教育毫无疑问是时间和劳动的最好投资之一。无论何种行业，智力都能使人更易于适应环境、改进工作方法，并使之心灵手巧、富有效率。善于同时运用双手和大脑进行工作的人目光更加敏锐，力量更加强大——或许这是人类智慧能珍惜的最令人愉悦的感觉。自立自强的力量会与日俱增，自尊同样也会与日俱增，自尊越强就越能抵抗低级趣味的诱惑。他将怀着一种崭新的兴趣观察社会及其运行，他将变得更富有同情心，更乐于为他人服务。

带着功利读书，只会亵渎自己

> 这种对自我修养的贬低看法也非常盛行。导致这种结果的原因是，社会上或多或少地存在着对生活的错误认识。

拥有良好的自我修养，未必一定带来上文多次提到的杰出成就。任何时代的绝大多数人，无论其受过何等的启迪，都必然要从事自己平凡的职业。任何能够授予普通大众的自我修养，恐怕都无法使人摆脱必须完成的社会日常工作。从具体的事务中抽身出来其实也并非不困难。有了高尚的思想，我们可以用其改善工作条件，有了高尚的思想，无论贵贱贫富都会荣耀，因为不管这个人是多么贫穷卑贱，那些伟人也会毫无顾忌地翩翩而来，与其相伴，促膝谈心。于是，良好的阅读习惯便成为最大的快乐之源和自我完善之途，以最好的结果潜移默化地影响着一个人的性格与行为。尽管自我修养未必能给人带来物质财富，但它能让人与高尚的思想相伴左右。一位贵族可以很轻蔑地问一位陌生人："说说看，你的哲学到底为你带来了什么？"智者将如此回答："至少我获得了思想。"

由于人们觉得事情并非进展得如他们所想的那么快，因此，许多人容易心灰意冷。刚播下橡树种子，他们便期望它立即长成橡树。或许他们将知识看成推销的商品，却因为它并不如期望中的那样畅销而苦恼。特门赫尔先生在一份"教育报告"（1840 年）中，谈到这样一件事：诺福克的一位小学校长发现自己的学校学生数量"骤降"，因此，便着手调查导致这种结果的原因，最终发现绝大多数家长让学生退学的理由是，他们本期望"教育能使他们的生活变得更加舒坦"，后来却发现"教育无济于事"，于是他们让孩子辍学，并且再也不打算将其送到学校中去。

在其他阶层之中，这种对自我修养的贬低看法也非常盛行。导致这种结果的原因是，社会上或多或少地存在着对生活的错误认识。将自我修养看作是一种超越他人的手段或智力娱乐的方式，而不是一种净化心灵、升华精神的力量。这种看法是对教育的一种贬低。用培根的话来说："知识并非销售赢利的商场，而是一个为了造物主的荣耀和人类心智升华的宝库。"毫无疑问，通过劳动获得升迁并因此改善其社会地位是一件荣耀的事，但绝不能以牺牲自我为代价，使心智成为肉体的苦役；因未能有所成就（这种成就取决于勤奋和对事业的关注程度而非知识），就怨天尤人、灰心丧气，这是心胸狭隘的标志。罗伯特·索西在回复朋友咨询的一封信中，很好地批评了这种心胸狭隘的人。他说："如果我能赠给你什么有用的忠告，我绝不会吝啬；但是，如果一个人选择了自暴自弃，那就真的是无药可救了。一个善良而聪明的人有时也会对世界感到愤然、悲哀；但是请记住，如果你履行了你在这个世界上的义务，你就不会怨天尤人。如果一个人受过良好的教育，拥有理想的话，那只是因为万能的上帝对他的额外恩赐超出了他所应得的。"

仅将教育作为一种智力的消遣来使用，是另一种亵渎教育的方式。在今天这个时代，有许多人迎合了这一口味，在我们的文学中展现了对通俗刺激的一种近乎狂热的追求。为了迎合大众的口味，如今，我们的书刊充斥着庸俗的诙谐和夸张，这实际上背离了人类法则和自然法则。道格拉斯·杰罗德曾这样描述这一趋势："现在我们对任何事物都是哄堂大笑。我坚信我们的世界终有一天会对此举动感到厌倦，毕竟生活中还有着一些严肃的东西，人类的历史并非一部彻头彻尾的喜剧史。我相信有的人甚至会写出一部布道闹剧来。想一想英国的喜剧史吧，阿尔弗雷德的闹剧、托马斯·莫文爵士的滑稽，还有他的女儿在棺材里的搞笑表演。"具有同样思想的约翰·斯得林说：“如今书刊已大众化，但它们是为那些心智尚未健全仍在发育的人特地准备的，它们对人们心灵的亵渎比起瘟疫、污染和腐败有过之而无不及。”

然而，当我们从繁重的日常事务中抽出身来的时候，选出一本好书读上两页，也是一种高级的智力享受。一本好书对人们的吸引力绝不亚于源于本能的巨大冲动；否则，我们就会合理地减少阅读。如果像某些人那样，将阅读作为获取精神食粮的唯一途径，投身于图书馆埋头苦读，并整日沉浸于自己臆造的荒谬的人生图景之中，那将会比无所事事更浪费时间，因为它比无所事事更加有害。一个养成盲目阅读习惯的人往往会沉湎于小说中的虚幻情感而变得荒谬无常。一位男性同性恋者曾对纽克的大主教说：“我从没有听过悲剧，我受不了。”小说所激发的文学上的遗憾不会产生任何相应的行动；它所引发的情感也不包含自我牺牲，而太过于为小说所感动，最终人们就会变得对现实麻木不仁。巴特勒主教说过这样的话：“在自己的内心描绘美德对养成这一美德并无帮助，相反，甚至有可能适得其反地使心灵更加冷漠，更加无动于衷。”

适度的娱乐，更利于工作

只工作，不玩耍，会使杰克变傻瓜。

过度的娱乐会使我们放纵自己、有损人性，我们必须警惕，但是，适度的娱乐是健康和可嘉的。有格言说：“只工作，不玩耍，会使杰克变傻瓜。”但是，如果只玩耍，不工作，那么危害必然会更大。再没有什么比嬉戏玩耍对一个年轻人带来的伤害更大的了，他会因此失去其最为宝贵的品质，对平常的快乐感到索然无味，会失去对更高级精神享受的追求；而当他回过头来重新面对工作和生活的责任时，结果则会是厌恶和反感。“放纵派”的人们挥霍生命力，枯竭了真正的幸福，失去了活力，他们难以再使其性格或心智有所发展。一个放任而虚度了青春的人甚至要比失去童真的孩子、失去清白的少女和失去真诚的少年更令人惋惜。密罗伯曾这样说过自己："在某种程度上，我早年的虚度时光已经占用我今后的部分岁月，并消耗了我一生大部分旺盛的生命力。"今天对别人所犯的错误明日就会落到我们自己头上，而年轻时犯下的罪恶也会在今后报应到我们身上。培根爵士写道："年轻时期本性的力量能跨越障碍直至他的暮年"，这里的本性的力量既指体力又指精力。意大利人吉斯在写给其好友的信中写道："我向您保证，我为生存付出了沉重的代价。的确，在生活中我们不由自主，上帝先是假装慷慨地给我们一些小费，然后却毫不客气地把它们统统记在我们的账上。"年轻时候的放纵所导致的最坏结果并非是健康受损，而是它玷污了人性。放荡可以使一个年轻人堕落，等到他想悔改却为时已晚。如果还有其他方法可以补救的话，那只能是以一种火热的责任感去浇灌心灵，并积极投身于工作之中。

本杰明·康斯坦是法国人，同时也是伟大的启蒙运动时代最有天赋的人之一，他在20岁时就对一切都无动于衷了。从那时起，他的生命就只剩下延长的哀叹，他不再有靠一般的能力和自制就完全可以达到的成就。他曾决心做很多事情，但从未完整地完成一件，因此，人们称他为"不持续"。康斯坦无可否认是一位才华横溢的作家，曾雄心壮志要写出"不朽的"的巨著来，但就在他热切地追求理想之际，却不幸堕入了低级趣味的生活深渊。他伟大著作中的超验主义难以弥补其生活情趣的低级，在着手写作宗教作品的同时他经常参与赌博，在从事《阿朵菲》一书的写作时却在赌场上耍着可耻的勾当。尽管他的智力超群，但性格软弱无力，因为他对美德从无信仰。他曾说："呸！荣誉和尊严是什么玩意？我年纪越大，就越觉得荣誉和尊严中其实空无一物。"他是一个十足的可怜虫，把自己说成"除了骨灰和泥土之外什么都不是"。他说："我就像一片伴着痛苦与厌倦的阴影。"他极其渴望拥有伏尔泰的充沛精力。他的生命过早地耗尽了，只剩下森森白骨。他认为自己是一只脚悬空的人，也承认自己缺乏原则和毅力，因而，他空有万般才华却一事无成。在多年的悲惨生活之后，他精力枯竭地死去了。

《诺曼征服史》一书的作者——奥斯汀·蒂利的一生则与康斯坦形成了鲜明的对比。他在其一生中完美地体现了坚毅、勤勉、自我修养和对知识无尽的渴求。他在追求知识中失去了双眼，但这并未影响他对真理的热爱。他的体质非常虚弱，以致一位护士总是像照顾婴儿一样把他抱在怀里，从一个房间挪到另一个房间，但他从未失去坚毅的精神。尽管双目失明，他却能用高贵的语句概括其文学生涯："对于科学和事业而言，我想我已经像一个在战场上死里逃生、负伤返还的战士，将一切奉献给了祖国。无论我勤奋工作的结果怎样，我只希望自己树立的这一精神榜样不会消亡，我期望它能对抵制这一代人的道德疾病有所帮助，让那些抱怨缺乏信仰、游手好闲、苦苦寻觅却一无所获的灵魂迷途知返，重新找回信仰与敬畏之心。我们的这个世界为什么总是容不下某些人，总是没有某些人的立足之地呢？这世上不是仍有着安静严谨的学习与研究吗？那不正是我们人人都能进入的避难之所、希望之所吗？有了它，人们就不会为时光流逝而感到痛苦，每一个人也就能把握自己的命运，每一个人也就能高贵地生活。我已经做到了这一点。如果给我再来一次的机会，我仍会这么做，我还是会选择让我走到今天的同一条道路。我如今已经双目失明，绝望地忍受着痛苦，然而我要郑重地宣告，在世界上还有比感官享乐、财富甚至健康本身更美好的东西，那就是献身于知识，努力追求。”

在很多方面，克里瑞兹与康斯坦非常相像。他同样才华横溢，也同样意志薄弱。他尽管拥有超群的才智，却缺乏勤勉的精神，他讨厌持久性的工作，也缺乏独立性。他将妻儿留给高贵的索西抚养而不感到羞愧，而自己则退居到海各特·格洛坞向他的信徒们大讲先验论。他对伦敦城里的辛勤劳作的人们不屑一顾，他高傲地拒绝朋友的资助，虽然有着崇高的哲学理念，他却蔑视普通劳动者。然而索西的精神是多么不同啊！他不仅从事着自己所选择的琐碎单调的工作，同时又怀着对知识纯粹的热爱和理想的追求。他从不虚度每一天甚至一个小时，严格地履行与出版家们的订约，此外，还要维持一个大家庭的生计。他曾说：“我的道路与上帝之路一样宽广，而我的生计则只能凭借这支笔了。”

罗伯特·尼古尔在读完《克里瑞兹回忆录》后，在给他朋友的一封信中写道：“这个可怜的天才，仅仅因为缺乏一点精力和决心而断送了他本该极其完美的事业。”尼古尔自己是位真诚而勇敢的人，他英年早逝，在短暂的一生中遭遇了无数的挫折。最初的时候，他是一个书商，最后生意失败而血本无归，不但如此，还欠了20英镑的债，当时他感觉心里就像“一块磨石挂在脖子上”一样。他发誓在还了这笔债以后，再也不向任何人借钱。他在给母亲的信中写道：“亲爱的妈妈，请别为我担心，我已感到自己的信心和希望与日俱增，思考得越多，我就越觉得无论今后我是否会富有，我一定会成为一个越来越睿智的人，而这比起钱财更为可贵。我坚信我可以直面生活中的痛苦、贫困以及其他一切令人恐惧的困难。我绝不会失去自尊、对人类崇高理想的信仰或对上帝的热爱。虽然要达到这一目标需要经历无数精神上的痛苦折磨，而一旦达到，就会像一个旅行者从阳光灿烂的山顶俯瞰山底一样自由。我不敢说自己已经达到了这一境界，但我觉得自己正时刻接近它。”

从失败中，可以学到更多的智慧

> 我们往往通过发现什么不行才明白什么可行，而一个从不犯错误的人很难有所发现。

是努力和困境造就了伟人，而不是安逸和顺境。在人生的任何一站，要想取得任何的成就，首先必须直面和克服种种困难。正如错误会成为最宝贵的经验一样，困难是我们最好的老师。查尔斯·詹姆斯·福克斯一直认为："一个屡遭挫折却百折不挠的人，将比一个一路顺风顺水的人更有可能取得成就。"他说："当一个年轻人在首场演讲中就光芒四射时，这固然很好。他也许会继续前进，但也许会因此暗自得意，不思进取。当一位年轻人在第一次尝试中虽未成功，却持之以恒时，我相信这样的年轻人将比绝大多数第一次就取得成功者更容易取得成功。”

比起成功，我们在失败中学到的智慧更多。我们往往通过发现什么不行才明白什么可行，而一个从不犯错误的人很难有所发现。在试图发明一种吸式水泵失败时，研究人员发现大气把水桶从水平面抬高了 33 英尺，正是这一发现才使人们开始研究大气压强规律，从而为伽利略、托利色里和鲍尔等天才科学家开拓了一个崭新的研究领域。约翰·亨特曾说：“除非医学界的专业人士有勇气像宣布成功一样将其失败公布于众，否则医学将很难发展。”工程师瓦特则说：“在机械工程所缺乏的所有事物中，最缺少的是失败史。”有人曾给亨弗利·戴维爵士展示过一个操作极为灵巧的实验，而他说：“感谢上帝没有让我能够拥有如此娴熟的巧手，因为我总是从实验的失败中找到重大发现的灵感。”另一位物理学领域的杰出研究人员则在其日记中写道：当他遇到似乎不可战胜的困难的时候，才是即将有重大发现的时候。最伟大的事物，即伟大的思想、发现和发明，通常孕育于艰苦，成形于悲伤，产生于苦难。

对罗西尼，贝多芬曾这样评价：“要是他在孩提时代，也只有在那时，多一点勤奋的话，他完全可以成为一个优秀的音乐家，但他被自己的天才毁了。”内心坚强的人不会害怕听到反面的意见，他们更害怕的是不恰当的称赞和过于友好的评价。门德尔松要去参加自己的剧作《伊利亚》在伯明翰一家剧院的首演时，他笑着对朋友和评论家们说："请严厉地批评我吧！不要告诉我你们喜欢的是什么，而要告诉我你们不喜欢的是什么。"

据说，成功对将军的考验远没有失败多。华盛顿吃的败仗比他赢得的战役要多，但他最终成功了。而罗马帝国也就是在其最辉煌的时代开始了失败的命运。莫里奥常把自己的战友比喻为大鼓，可是直到被打败了才有人听。惠灵顿之所以成为一代军事天才，也是通过不断地克服其似乎不可克服的性格弱点才得以成功的，他因此培养了他作为一个人和一名将领的优秀品质。技术高超的水手总是在大风大浪中磨砺出自立、勇敢和高度的纪律观念，世界上最优秀的水手——英格兰水手们的高超技艺，则不得不归功于险恶的大海和滔天的风浪。

1次尝试胜过1000次空想

> 沮丧的青年往往感叹道："要是我会这个那个该多好呀！"但假如他只是一味许愿而不付诸行动，他就会一无所成。

生活的需要就如同是个严厉的校长，但你会发现它通常是最好的。尽管我们都不喜欢逆境的考验，但当它来临时，我们必须勇敢地正面它。彭斯的一节诗很有道理：

尽管挫折与失意
是严酷的教训，
但它又富含哲理，
你将到达智慧的彼岸，
你将不会在别处找到它。

逆境并不糟糕，反而大有用途。它向我们揭示了我们克服逆境的力量，激发出我们的斗志，如果性格之中真的有如甜草药一般的价值，那只有在受到压抑时它才能散发出最芬芳的芳香，正如古话所云：“不如意乃是通往天堂之梯。”里克特曾说过：“被扼杀之人的贫穷究竟是什么？这就像将少女的耳垂刺穿，再将珍贵的耳坠挂在她淌血的伤口一样。”在生活中，你会发现有许多人能够勇敢地面对逆境，顽强地与之斗争，但最后在富裕这一更为危险的对手面前束手就擒。只有一个弱不禁风的人才会被风吹走斗篷，体格健壮的人则更容易在温暖的阳光照耀之下自己摘去斗笠，因而，面对顺境往往比承受厄运需要更加自律而坚强的性格。财富容易使人骄傲，而困境则会使一个有决心的人的心智更加成熟、坚韧。伯克曾经说过：“困难是位严师，困难使我们更了解自己，也更爱主的圣谕。困难使我们的精神更加高亢，使我们的技艺更加娴熟。因此，我们的对手就是我们自己。”如果生活总是一帆风顺，没有必须面对的困难，生活或许会更加轻松愉快，但人的价值却因此而降低了。人生的考验是一块试金石，它丰富了我们的心智，训练了我们的性格，教会了我们自立。因此，艰难往往会成为我们最好的磨砺，尽管我们未能认识到。当哈德森被有失公正地从其在印度指挥官的职位上撤职，面临着诽谤和斥责时，他深感痛心，但他仍有勇气跟一位友人这样说道：“我努力勇敢地正视厄运，正如我在战场上直面强敌一样。我尽我所能去完成我的职责，我感到满足，因为毕竟我还能找到使自己振奋起来的理由。即使是令人厌恶的差事，只要尽力地圆满地完成它，这本身就是一种奖赏。如果没有圆满地完成，也不会遗憾，因为我已经尽力了。”

很多时候，生活的战斗是在陡峭的山冈上打响的，如果毫不费力的话，即使是胜利了也毫无光荣可言。如果没有困难也就没有成功；如果没有奋力反抗之物，也就没有值得奋斗之物。困难或许会使胆怯者止步不前，但对勇敢者而言它只会是一种健康的兴奋剂。的确，所有的生活经验都在向人们昭示着这样一个道理：在人类前进的大道上，所遇到的障碍绝大多数都是可以凭借坚定的善行、诚实的热情、果敢的行动、坚忍的品质越过的，剩下的那些，则更是凭借一种临危不惧、排除万难的坚定决心来克服的。

困难是训练道德的最好学校，无论是对国家或是个人而言均是如此。事实上，困难的历史同时也是人类创造、成就所有最伟大、最美好事物的历史。我们很难说得清地处北方的国家该如何感谢他们所面临的变化莫测的气候和原本贫瘠的土地，而这些正是他们生存不可或缺的必要条件。他们所作的终年不断的努力和奋斗是地处热带的人们所无法想象的。因此，尽管我们最珍爱的是具有异国情调的商品，但创造出这些商品所不可或缺的技艺和勤奋却是根植于本国勤劳勇敢的人们心中。

无论面对何种困难，我们都必须学会勇敢地面对困难。困难能锻炼人的力量和才智，正如田径运动员一样，以登山来锻炼意志，才能在比赛时轻而易举地赢得冠军。通往成功之路也许艰难陡峭，而攀登高峰是对一个人精神的最好考验有经验的人了解，只有勇敢地面对困难才能战胜它——勇敢地拨开荆棘时，我们会觉得它们其实像丝绸一样柔滑，而对实现目标最有帮助的就是我们的内心信念，一种我们能够也一定会成功的信念。因而，困难在决心面前往往难成大器。

任何目标都可以实现，只要我们敢于尝试。除非你亲自作过尝试，否则你永远无法了解自己究竟能做什么，而多数人往往只有在迫于无奈之际才会竭尽全力。沮丧的青年往往感叹道："要是我会这个那个该多好呀！"但假如他只是一味许愿而不付诸行动，他就会一无所成。必须将愿望化作决心和努力，一次努力的尝试要远胜于一千次的许愿。正是"要是我如何如何"显示了无能和绝望，使人一味地在可能之中徘徊，而阻碍着愿望的实现甚至实现其愿望的努力。林德爵士曾说过："困难之所以存在就是为了被克服。"努力去拼搏吧，在你一次次的努力尝试中，你会发现自身力量的增强。因而，在与困难的搏斗中，你的智慧与性格将得到难能可贵的磨砺，使你能够富有激情、自由和从容不迫地去奋斗。那些未曾有过同样经历的人，对此是无从理解的。

我们学习知识为的是什么？都是为了战胜困难；而克服了一个困难会有助你克服下一个。学习中，乍看之下似乎价值不大的东西——例如研究已经消失的语言，线与平面的关系的问题等——事实上仍有着极大的实用价值，不仅仅因为它们所包含的信息，更因为研究这些学问能激发起一个人的努力和蕴藏在心中的潜能。一个前因会导致另一个后果，人生就是这样前进着，不断地遭遇困难、克服困难，直到生命的尽头。灰心丧气从未也绝不可能对解决困难有任何裨益。阿勒伯特对向他抱怨学习数学伊始便感到困难重重的学生，告诫道："继续前进吧，先生！相信信念和力量即在前方。"

芭蕾舞演员和小提琴家正是在不断的练习和不断的失败之后，才能获得如此纯熟的技艺。在听到别人对其演奏赞不绝口时，凯利希米说："嗨！您永远不会知道这份从容优雅是怎样获得的！"乔舒亚·雷诺兹爵士当被问及他花了多长时间完成一幅画时，回答说："我的一生。"美国演说家亨利·克雷在给年轻人的一次讲座中，是这样描述他培养其艺术天分的成功秘诀的，他说："我毕生的成功，都应归功于27岁那年的一件事。在那一年，我养成了每天阅读、朗诵一些历史和科学著作的习惯，并坚持了数年。有时我在麦田里朗诵，有时在森林，有时则跑到很远的畜棚，那里的老马和公牛是我忠实的听众。就是我这段早年的经历不断地激励我的热情与灵感，并从此塑造了我的性格，决定了我的命运。”

爱尔兰演说家丘伦在年轻时，说话口齿不清，同学们戏称其为“结巴杰克·丘伦”。考上法学院后，他就坚持不懈地和这个口吃的毛病作斗争。后来他有机会参加一个演讲协会，在第一次演讲时，他站起来后半天说不出一个字来，但此后他竟奇迹般地作了一次十分成功的演讲。这一次意外使他对自己的口才信心大增，于是便以百倍的精力投入到演说中去。他每天都要拿出几个小时大声朗读最优美的文章，对着镜子仔细揣摩演讲时的表情，并发明了一套特殊的手势来弥补其外貌的缺陷。除此之外，他还模仿法庭辩论，像律师真正面对一个陪审团那样全心地去练习。丘伦是在不文一名的情况下开始执业的，他在做辩护律师的过程中，仍常常为当初演讲协会时代的缺乏信心所困扰。有一次，在一件案子的审理中，丘伦发现“他从未在他的那本法律藏书中见过法官引用的这条法律”，而罗伯逊法官却轻蔑地说道：“或许这是真的，不过我想这大约是因为您的藏书太少的缘故吧。”罗伯逊法官是位性格暴躁且成见极深的法官，曾匿名写过多本宣扬极端暴力和教条主义的小册子。丘伦被法官这句影射自己生活困窘的话激怒了（当时他的生活很拮据），他打破常规，奋起反驳道：“非常正确，法官先生，我确实拮据，买不起太多的书。我的书虽不多，但都是精选的，而且我相信自己以客观的态度细读过每一本书。我是靠研究一些优秀的著作，准备好从事这一高尚的职业的，而不是去写一大堆乱七八糟的东西。我不以自己的贫穷感到耻辱；相反，如果我靠奴性和腐化来获得财富的话，我将深以为耻。或许我没有身价、地位，但我至少还有诚实的美德。如果我做不到这一点，那么许多事例都告诉我，如果不择手段地获取荣耀和地位，这只会让我臭名昭著、遭人鄙视！”

坚持不放弃，造就了一个又一个神话

> 如果像我这样，在这种极端恶劣的条件下，没有父母、朋友的鼓励支持，尚且能够完成这一事业，那么请问在座的年轻人，你们还能找得出什么理由不成功呢？

极度的贫困对于致力于自我修养的人们而言，绝不会成为其生活道路中的阻碍。语言学家亚历山大·墨里教授是在一块一头烧焦了的旧木板上学会写字的，他的父亲是一位贫穷的牧人，他拥有的唯一的书是一本1便士就能买到的《问答教学法简要》。也许是由于过于珍惜的缘故，这本书总是被搁在橱柜里。莫尔教授在年轻时，贫穷到连《牛顿定律》都买不起，于是就找人借了一本，手抄了整本书。有很多穷学生因疲于生计，就像在白雪皑皑的田野里觅食的小鸟一样，只能用零星的时间学一点知识，但经过他们不懈的努力，终于获得了信念与希望。著名作家和出版家，爱丁堡的威廉·钱伯斯在爱丁堡给一群年轻人讲演时，是这样描述自己的出身以激励年轻人的：“站在你们面前的是一位自学者——我是在苏格兰简陋的教区学校里接受最初教育的，直到我——一个穷孩子——到了爱丁堡之后，才在白天的劳作之后将每个晚上都用于培养万能的智慧。从清早七八点到半夜，我在一家书店当学徒，随后，我才能挤出一点睡眠时间用以学习。我没读过小说，因为我的兴趣集中在物理学和其他实用领域，另外，我还自学了法语。回想起这些时光我极为愉快，或许还有一点遗憾，因为我再也不能重新开始那段日子了。当时的我，全部财产还不到 6 便士，但是我如今端坐在这优雅舒适的大厅里的感觉，还不如当时在爱丁堡的破阁楼里学习来得愉悦。”

威廉·科比特对于当年学习英语语法的回忆，想必会对身处困境的莘莘学子有所裨益。他说：“但我学习语法时，还是个日薪 6 便士的士兵。我学习的地方就是我那张警卫床的床沿，我将背包当作书柜，然后在膝盖上搁一小块木块当作写字板。由于我没钱买蜡烛或灯油，在寒冷的冬夜里，我只能借着火光看书。如果像我这样，在这种极端恶劣的条件下，没有父母、朋友的鼓励支持，尚且能够完成这一事业，那么请问在座的年轻人，你们还能找得出什么理由不成功呢？尽管我平时都吃不饱，但我还是从我微薄的膳食费中挤出一点钱，用来买一支钢笔或一叠纸。我几乎没有一刻是属于自己的，我不得不在一群头脑简单的人的闲聊、嬉笑、歌唱、口哨和打闹声中读书写字，他们可是有几个小时自由支配的时间啊！你们能够想象吗？那任意的一支笔、一瓶墨水或几张纸的费用对我来说是多么巨大！当时我已经和现在一样高大了，我的身体很强壮，原因是我经常运动，而我们当时食宿之外的零花钱是每人每周 2 便士。对此我可真是记忆犹新啊！某个星期五，在买完生活必需品后，我只剩下了半便士，本来想第二天早上买条红鲱鱼的，但那天晚上我实在是饥饿难忍，于是想拿来买点儿吃的，但我恐惧地发现它不见了！我伤心地趴在单薄的床单上，像个孩子似的哭了！我还想再说一遍，如果处在这样的环境之中尚且能够面对并完成这项任务的话，全世界还能找出一个年轻人，说他有理由不成功吗？”

另外，还有一个关于坚毅求学的例子，同样令人感动。一个法国政治犯流亡到了伦敦，他之前是一名石匠，因此重操旧业，以此为生。后来由于经济形势恶化，他失业了，贫穷带来的恐惧无时无刻不显现在他的脸上。在走投无路之际，他无意间遇见了另一位流亡者，此人以教授法语为生，收入颇丰，我们的石匠便向他请教该怎样才能够谋生，得到的回答是："做教师！""教师？"石匠惊诧地说："可……可我只是个工匠！你一定在开玩笑吧？"流亡者回答道："不！恰恰相反，我是认真的。我真的建议你去当一名教师。我保证，能够教会你如何去教别人。""不！不！"石匠回答："这不可能！我年纪太大了，还怎么学呢？我所知甚少，怎么能成为一名教师呢？"于是石匠离开了，他继续四处寻找适合自己的工作。他离开伦敦前往外省，在走了几百里路后，仍然找不到一个雇主，只好无功而返。回到伦敦后，他径直去找那位流亡的朋友，见面就说："我已经在所有的地方尝试过，但都失败了，现在我想尝试做一名教师了！"并且立即向这位朋友求教。由于石匠思维敏捷、应用能力极强，很快就掌握了基本的语法、文法和标准的古典法语发音。当他的朋友兼老师认为他已能胜任教师一职时，石匠就去应聘并顺利地获得了一个教师职位。看！石匠最终成为一名老师！巧合的是，他任教的这个学校恰好是他曾做过石匠的地方；每天一早他推开教室的窗户向外望时，第一眼总是看见他自己以前建筑的一个农舍的烟囱！最初他担心被人认出来而有损学校的声望。但当他证明自己确实是个极为称职的教师，而他的学生也多次因法语成绩优异而受到公开表彰时，这种顾虑就烟消云散了。此外，他还赢得了所有认识他的人的尊敬和友谊——无论是教师、同事，还是学生。当他的过去经历被朋友们所知时，并不像他最初所担心的那样，恰恰相反，他得到了他们加倍的敬意。

不知疲倦的自我修炼者的名单中，赫然写着萨缪尔·罗米利勋爵的大名。罗米利出生在一个珠宝商的家庭，祖父是法国的流亡政治犯。小时候罗米利没有接受什么教育，但依靠不懈的奋斗，他终于克服了所有的困难。他在自传中这样写道："十五六岁时，我就下定决心认真地学好拉丁文，而那时我除了对一些众所周知的语法规则略懂之外几乎一无所知。此后的三四年里，除了瓦罗、哥伦麦拉和塞色斯这些作家的技术性作品之外，我读遍了每一位散文家的作品。李维、萨勒斯特和塔西佗的著作我通读过三遍。我研究过西塞罗最著名的演说，翻译过荷马的许多作品。泰伦斯、维吉尔、霍洛斯、奥维德和朱维诺的作品我也是一读再读。"此外，他还研究过地理学、自然科学、自然哲学，并且小有成就。在罗米利16岁时，他就当上了坎色雷法院的文书。后因学习刻苦，很快又通过了律师资格考试，这是勤奋坚毅带来的成功的硕果。在1806年，他成为总检察长。他并不以此为满足，相反，他总是被一种痛苦的、压抑的对自身素质的不满所困扰，于是他通过不断的学习来加以弥补。

约翰·莱登同样是深具坚忍精神的典范之一，他同时也是瓦尔特·司各特勋爵的年轻的朋友。约翰出生于罗克斯伯格席尔的穷山沟，他几乎完全靠自学成才，正如许多斯考奇牧民的孩子一样。约翰利用在山坡上放羊的闲暇之际学会了识字，正如墨雷、费格林和其他许多人一样，约翰很小就感受到了一种对知识的渴求。当时他还是个赤脚的穷孩子，他坚持每天步行8里沼泽地到克刻顿的一个山村小学去学习，那就是他受过的全部正式教育，其他的学习则全靠自己。就是这样一个孩子，竟然从赤贫的山村中踏入了爱丁堡的大学校门。这位奇才最早是被一位小书店的老主顾——阿希伯尔德·康斯特伯发现的，当时约翰在这里打零工。约翰每天都必须登上梯子，整理沉重的文件书籍，繁重的工作使他忘记了餐桌上那一点点面包和开水。阅读书籍和聆听讲座是他的全部愿望。就这样他在科学的门前辛苦地耕耘着，直到不懈的毅力为他带来了一切应得的胜利果实。当约翰未满19岁时，就以其对希腊文和拉丁文的渊博知识让爱丁堡的所有教授叹为观止，随后，他对印度产生兴趣，并打算在政府部门谋一公职。后来虽未能如愿，但他得知有一个外科医生的助理职位空缺时，便决定前去应聘。他并非外科医生，对这一行几乎一无所知，但是他可以学习，而当他被告知必须在6个月内通过考查时，约翰面无惧色（而完成这些学习通常需要3年时间）。6个月后他以优异的成绩取得了学位。司各特和几个朋友为他送行，于是约翰在发表了他那篇优美的诗作《婴儿之见》后就前往印度了。后来热病夺去了他年轻的生命，他要成为一名最伟大的东方学者的夙愿也未能达成。

毅力和决心，是会感染的

年龄并不影响人们的学习和取得成就，只有那些没有毅力的懒虫才会说："现在学习为时已晚。"

已故的剑桥大学希伯来语教授——李博士一生的毅力和决心是影响并决定一位文学界泰斗的最好例子。李博士在劳格纳附近的一所慈善学校念书时，是个毫不起眼的孩子，班主任甚至认为他是自己所教过的最笨的学生之一。毕业后他给一个木匠当学徒，并且一直做到成年。为了充分利用闲暇时间，他开始学习，由于书里经常出现一些拉丁文引文，为了弄清楚那些引文的意思，他便买了本拉丁语法书，从此开始学习拉丁文。正如斯通所说的那样："只要学会了 24 个字母，一个人想学习还需要什么呢？"于是，李博士开始起早贪黑地学习，在学徒期满之时，他对拉丁文的掌握已经非常娴熟。有一天，李博士经过一个教堂时，偶然看见一块希腊文的墓志铭，他又立刻产生了学习希腊文的念头。他将一些拉丁文书籍卖掉，用卖来的钱买回一本希腊语法和词汇书，便开始有滋有味地学习起来，并很快掌握了这门语言。在掌握了希腊文之后，他便卖掉了希腊文书籍，买回希伯来文的书籍开始学习……李博士从没得到任何老师的指点，他也不期望名利，仅仅出于自己的兴趣爱好。

李博士继而学习了叙利亚等国语言。但是，由于学习深深地影响了他的健康——长期在晚上学习，严重地损害了他的视力，他因此不得不休息。经过一段时间的修养后，他恢复了健康，又开始了日常的工作。除此之外他还有着出色的经商才能，生意做得不错。28 岁时他成了家，婚后他决定尽心尽力维持家庭生计，并放弃对文学的喜爱。于是，他卖掉了全部藏书。如果不是因为木工工具箱在一场火灾中被烧毁，他完全可以从事木匠活来维持生计。这下他一贫如洗，由于买不起新的工具，他便打算给儿童做家教，以补贴家用。之所以选择儿童，原因很简单——做这种工作不需要什么资金投入。然而问题出现了，尽管他精通多门语言，却没有专业知识，因此不知道如何开始他的讲课。为了解决这个问题，他开始勤奋学习算术和写作，以便能够给孩子们传授这些基本的学科知识。他自然、淳朴、优雅的个性渐渐地吸引了朋友们，“博学木匠”的美名也传播开来。司各特博士——一位邻近的牧师帮他找到了一份在什鲁斯伯利慈善学校做校长的职位，并把他介绍给一位著名的东方学者。其他的朋友还为他提供图书，帮助他掌握了阿拉伯语、巴西语和印地语。在县里当民兵时，他继续作研究，逐渐精通了几门语言，在其资助人——善良的司各特博士的帮助下，李博士进入剑桥大学女皇学院学习。由于数学成绩十分突出，并且精通阿拉伯语和希伯来语，又恰好学校有个阿拉伯语和希伯来语的教授职位空缺，他便被荣幸地聘用了。

除了做好自己的本职工作外，他还积极利用业余时间帮助传教士向东方的民族传播福音。他把《圣经》翻译成其他几种亚洲语言。他精通新西兰语言，帮助当时在英国的两个新西兰官员编写语法和词法教科书。他当时编写的教科书如今仍被新西兰的学校广泛使用。总之，这就是萨缪尔·李博士不平凡的一生。

在学习上，通过许多杰出人物的经历验证了“亡羊补牢，未为晚也”这一谚语。如果一个人决定学习，那么，即使他年事已高也会取得很大成就。亨利爵士在知天命后才开始研究自然科学。司各特 40 多岁时还没有成名。薄伽丘在 35 岁才从事文学。阿尔菲研究希腊语时已经 46 岁。富兰克林 50 岁后才全身心投入自然哲学。詹姆斯·瓦特 40 岁才在格拉斯哥学习德语、法语和意大利语。托马斯·司各特博士 56

岁开始学习希伯来语。罗伯特·霍尔晚年开始学习意大利语。汉德尔 46 岁才发表了其巨著。无数的示例表明，年龄并不影响人们的学习和取得成就，只有那些没有毅力的懒虫才会说：“现在学习为时已晚。”

最好的教育，来自于自我的勤奋

两个人的本质区别不仅在于才华，更在于精神，假如意志和精神很快能养成习惯。

推动和领导世界的，并不是那些天才，而是那些坚忍不拔、不知疲倦、持之以恒的人。尽管有些人天生聪明，但这并不意味着天资就决定了人们将来的成就。与其说天资是一种智慧的活力，还不如说它有时是一种智慧的病态。那些“神童”长大后有多少成为伟大的人了？成绩最优秀的学生后来又到哪儿去了？追踪他们人生的足迹，我们经常发现那些小时候调皮捣蛋的笨学生长大后反而超越了神童。聪明的小孩往往比其他小孩更容易得到奖赏，但这种奖励对他们不一定是好事。因此，我们应该称道的是刻苦的努力和坚韧的毅力。我们应该鼓励那些资质较差却事事尽力而为的孩子。

有数不胜数的关于小时候愚笨长大后有才能的例子。皮埃托·迪·考托纳小时候由于太笨，被人们叫作“傻蛋”。后来通过努力，他成为伟大的画家。托马斯·占蒂在幼年时常常被称为“笨瓜”，但经过勤奋努力，他终于获得了最高的荣誉。牛顿小时候是全班的倒数第二，还常常遭到一个优等生的欺负，但这个笨孩子却勇敢回击，并且从那以后，下定决心勤奋学习，决定要成为一名优秀生来征服对手。“功夫不负有心人”，他终于如愿以偿。另外，最伟大的神学家在小时候也并不是神童。艾萨克·拜罗小时候的脾气很不好，总是争强好胜，同学们因此很不喜欢他，在他成为学者后，因其狭隘和懒惰依然不讨人喜欢。他将自己的所有缺点都归咎于父亲的一句话，他的父亲曾说：“如果少了一个孩子能使上帝高兴的话，我但愿这个孩子是艾萨克·拜罗，因为艾萨克·拜罗最没有希望。”孩提时代的亚当·克拉克力气很大，能滚动石磨，但被父亲认为是“可怜的傻瓜”。著名的凯莫斯博士和科克博士小时候在圣安德弗教会学校上学时，被人们认为既愚蠢又淘气。他们的老师一怒之下，开除了这两个“无可救药的笨蛋”。

谢里丹小时候几乎没表现出任何才能。当他的母亲在向老师介绍儿子时，甚至称其为一个“无可救药的笨蛋”。瓦尔特·司各特在爱丁堡大学上学时，戴乐尔教授当着同学的面宣称他以前如何之笨，今后也绝不会更聪明。当凯勒顿被退学回家时，大家认为他是“不会有任何成绩的孩子”。彭斯曾是一个缺乏才艺的小孩，只擅长体育运动。哥德·史密斯把自己称为一株迟迟不开花的植物。阿尔菲离开大学时并不比他进校时聪明多少，在跑遍了半个欧洲后才开始从事那项后来使他闻名于世的研究。小时候的罗伯特·克莱夫不是被叫作恶棍，就是被当成笨蛋，他总是精力充沛，招惹是非。家人很高兴地把他送到马德拉斯，他后来便于此建立起英国在印度的统治基础。拿破仑和惠灵顿都是极不讨人喜欢的小男孩，在学校里没有任何出众之处，正如学校的前任校长阿勃朗特所说：“除了身体健康，在其他方面他就像别的小孩一样并不出众。”

尤里塞斯·格兰特是美国联邦军总司令，在他小的时候，母亲称其为“无用的格兰特”。因为格兰特在小时候既不机灵又不讨人喜欢。李将军的最出色的中尉——斯笛·杰克逊年轻时以迟钝而出名，然而到西点军校后他却凭着非凡的坚毅和忍耐而备受瞩目。假如接受了一项任务，在没有完成时他是绝不离开的，而对于自己没有完全掌握的知识来说，他从来不会不懂装懂。“不断重复，”他的一个朋友写道，“当老师要他回答当天背诵的问题时，他总是回答说：‘我还没有看呢，我一直忙着复习昨天和前天的背诵内容。’”结果他以全班 70 人中的第 17 名的成绩毕业，提高了 53 名，他的同学都认为，如果学习 10 年而不是 4 年，他肯定会比其他人先毕业。

著名的慈善家约翰·霍华德是另一个杰出的“笨人”，在 7 年的中学里他几乎没学到任何东西。年轻的史蒂芬逊仅仅以投掷和摔跤术以及对工作的专注而出名。著名的亨福利爵士，在年少时并不比别的孩子聪明，后来他的老师卡顿博士曾说过：“和他在一起的时候，我并未发现他的才华，尽管他是因为才华而如此著名。”瓦特也是一位笨学生，尽管有人说他是神童。他的成功主要归功于他的坚忍和执著，正是由于这些品质，加上他的细心及好奇心，他终于发明了蒸汽机。

阿诺德博士对于儿童问题的论断，也同样适用于成年人。他认为，两个人的本质区别不仅在于才华，更在于精神，假如意志和精神很快能养成习惯。假如智力较差的人有意志和专注力，不久他就一定能超越他聪明的同伴，最终赢得胜利。正是毅力说明了为什么孩子在校期间的排名，往往跟他们以后成就事业与否成反比。我们常常惊异地发现许多在校聪明的学生出了校门却变得极为普通，而许多在校时迟钝的，却能出人意料地成为各界的领袖人物。本书的作者小时候就曾有幸与被讥讽为世上最大的笨蛋之一同班。一个又一个的老师为了让他更聪明些而想尽办法，最后均以失败告终。体罚、嘲笑、恳求对他都无济于事。有时老师试着把他的成绩排在班级前茅，以此激励他向上，但结果他仍无可救药地跌落到最后一名。最后，老师们都放弃了努力，其中一位甚至自称为“愚笨透顶”。然而，尽管天性愚笨，长大后这个孩子却拥有了一种笨人的毅力。后来，人们惊奇地发现，他在事业上远远超过了大多数同学。如今，他已是一位受人尊敬的治安大法官了。

只要寻找到正确的方法，即使乌龟也能赛得过野兔。年轻人笨一点都没关系，但前提是一定要勤奋。头脑敏捷未必是件好事，正如有的孩子记得快，但忘得也快一样。而且聪明的人往往觉得没有必要像不聪明的人那样培养良好的习惯和坚忍的品质，而这种习惯和品质对于任何性格的塑造都是至关重要的。正如戴维所说：“现在我所有的一切，都是我自己争取来的。”

最后，让我们来总结一下：最好的教育不是在学校的老师那儿获得的，而更多的是在我们成人后，通过勤奋的自我教育所获。因此，父母们不应该急于看到孩子过早地出类拔萃，而应该耐心地观察与等待。通过良好的榜样与不懈的磨炼来争取有所成就，剩下的就全都拜托上帝了。要让他们明白：应趁年轻的时候，自由地锻炼其体能，拥有强壮的体魄，走上自我教育之路，耐心地培养良好的习惯和坚忍的品质。具备了这些良好的品质，他就会精力充沛，为日后有所成就奠定扎实的基础。

第六章

跟随榜样的脚步，做行动上的巨人

行动就是力量。说教往往是空洞的，但榜样却可以潜移默化地影响和鼓舞一个人，甚至使人习惯成自然。

想要影响他人，行动是最大的力量

我们的每一个行动或每一句话都会产生相应的后果，这些后果很可能是极其深远的。

有一种无声的语言，能教给人们许多书本上没有的东西——它是最好的老师——榜样。榜样的力量在于行动。行动说服、教育和启示人的力量要比语言强烈得多。行动就是力量。说教往往是空洞的，但榜样却可以潜移默化地影响和鼓舞一个人，甚至使人习惯成自然。在榜样的影响下形成了良好的习惯往往能让人受益终生。空洞的说教远不如实际行动来得有效果。无数的说教家是说一套，做一套，这种说教又有什么作用呢？言行不一致，总用大话、空话和套话去教育别人，这样的教育者不过是在自欺欺人而已！

因为聪明的人都知道人们是用眼睛而不是用耳朵来辨别是非。耳听为虚，眼见为实，亲眼所见比道听途说的要深刻、丰富得多。这也正是人们往往对天花乱坠的大道理心生反感的原因。

眼睛对于年轻人来说，是他们获取知识的主要途径。儿童看到任何事物总会下意识地模仿，并在不知不觉中形成与周围的人相同的行为模式。这正如许多昆虫呈现出与它们所吃的树叶相同的颜色一样。因此，家庭对个人的影响是至关重要的。父母兄弟的一言一行都会互相影响，这种影响远远大于学校和社会对他的影响。家庭是社会的细胞和缩影，是塑造国民性格的摇篮。不管这个家庭道德如何，是高尚还是败坏，它都对其子女产生莫大的影响。在家庭中日渐养成的品德、习惯、生活准则以及待人接物的方式等，都会对子女的一生产生难以磨灭的影响。一个民族的全体国民都是从家庭这个“育婴室”中长大成人的，这个“育婴室”的环境条件、道德、文化、思想品位等，都会在无形中深远地影响全体国民。公共舆论在很大程度上只是扩大化的家庭生活规则。柏克曾说过：“对他人友爱是最珍贵的人类之爱。”从这种爱他人之心出发，就会爱全人类、爱全世界。真正的博爱之心和仁厚之心一样，都源自于家庭，却又不局限于家庭。

我们不能忽略任何的行为，哪怕是看似微小的。这些细小的行为会对孩子的品性产生不可低估的影响，也正因如此，父母的品行、性格往往会在孩子的身上折射出来。父母谆谆教诲的东西常常早已忘得一干二净，而他们在日常生活中表现出来的有关情感方式、纪律观念、勤劳风范和自我控制等具体行为，却会常留孩子们的心中，并产生持久的影响。一些明智的家长常常把孩子看成自己的未来一般重现，我们也确实能在许多孩子身上见到这样的影子。父母无声的行动，甚至有意无意的一瞥都可能在孩子心中产生难以磨灭的痕迹。我们无法弄清父母平时的良好行为抑制或消除了小孩多少的邪恶心理，但多少孩子由于受到不良思想的影响而走上犯罪道路的啊！难道这与父母的不良影响无关吗？正是那些父母不经意的细小的行为对他们的品性、道德产生了巨大的影响。韦斯特曾说过："母亲甜蜜的吻使我成了一名画家。"许多人的成功与幸福往往就与父母的这些看似细小琐碎的事情有机联系着，父母对小孩好的影响往往能对他的成长起巨大的促进作用。福韦尔·柏克斯顿在成名后给母亲的信中写道："我总是由衷地感觉到，为别人尽心尽力去工作、去努力，这是一条不可移易的原则，这一原则是我的母亲——您——以自己的行动教给我的。"此外，一个名叫亚伯拉罕·普拉斯特的猪场看守人也常常被柏克斯顿提及。因为这个人给了他无形的熏陶。普拉斯特是个大字不识的粗人，柏克斯顿经常跟他在一起骑马、游玩，两人私交甚深。这位不会读写的普拉斯特天赋极高，而且极具正义感。“他为人非常正直，特别讲原则。他从不做甚至不提及任何一件我母亲认为不善或不对的事情。他总是把一切正义、美好和纯洁的东西灌输给我，他本人也充满这种思想。他很有荣誉感，对自己的言行一丝不苟。他乐善好施，尽管自己也囊中羞涩。这种人现实中不多见，而往往只能在古罗马哲学家塞涅卡和罗马大作家西塞罗的著作中才能找到。普拉斯特是我的启蒙先生，也是我最好的老师。”

洛德·兰格德尔在回忆自己的母亲时曾说：“如果把整个世界放在天平的一头，而把我母亲放在另一头，这巨大的天平会立即向我母亲这头倾斜。世界之所以渺小，是因为我母亲太伟大。每当母亲走进房间时，那种祥和的气氛会立即感染在座的每一个人，她的每一句话甚至每一个语调都给人一种空灵、舒爽之感。在这种庄严又宽松的氛围中，每一个人都自由地倾吐自己的思想，心灵犹如沐浴后一般清爽，人也似乎站得更直了。当我的母亲在身边时，我几乎完全变成了另一个人。”良好的家庭氛围对于一个人的品格修养极其重要。父母的言行举止会使孩子们深受影响。也许父母教育子女的全部内容可以归纳为一句话：改善和提高自己。

我们的每一个行动或每一句话都会产生相应的后果，

这些后果很可能是极其深远的。父母或周围人的一言一行也同样会产生其相应的后果。这些后果究竟有怎样严重的后果，这些问题常为人们所忽略。事实上，这是一个非常严肃而重要的问题。每一个人都在社会生活这幅巨画上描上自己或浓或淡的一笔，在某种程度上不自觉地影响周围的人，同时也受其他人的影响。良言善行必定会长留人间，可能我们不能立刻看到它所产生的直接结果，但其影响仍存乎天地人海间。同样，一切丑恶的行为和淫秽的词语也会长期存留并产生其相应的影响。无论是伟大之人还是卑贱之人，他们的言行举止都会产生相同的影响。好坏之间没有调和、折中的余地：不正即歪，不好即坏。人的肉体终究会消亡，但崇高的精神却可以不朽。理查德·科布登逝世时，迪士累利先生在众议院宣称："他虽然离我们远去，但仍是众议院的一员，他那与时俱进、一心为公、敢作敢为的精神永存于我们众议院！"

人际关系的就是个“圈”

一个人无论置身何处，也总会与周围世界发生千丝万缕的联系。

确实，有某种不朽的精神存在于人生和世界中。任何个人都不能单独存在，任何人都是这个相互依赖、相互联系的社会系统不可或缺的组成部分。也正是这些单个人的行为促长或减弱了一切坏的东西的影响。现在植根于过去，今天植根于昨天，先祖的榜样和生活无时无刻不在影响我们，而我们的日常生活又在构筑下一代人生活的基础。每一代人都是以前无数代人文化影响和熏陶的结果，水有源，树有根，人不可能脱离祖先的文化而生存和发展。活着的一代的言行、文化又注定了与未来密切相关。一个人的躯体终会消散，变成尘埃青烟，但他在这个世界上的业绩不会消失，他或好或坏的行为必将开花结果，影响后来人。每一个人都肩负着极其重要而庄严的使命：继往开来。

贝毕克先生在他的著作中以其特有的风格深刻地表述了这些思想：“每一个原子，每一颗极小的微粒，无论它带来好处或坏处，无论它是遭人排斥还是引人注目，它都包含有自己特殊的动机和意向，圣哲可以从中悟出理性和智慧，因为圣哲所谓的知识就包含在每一颗原子和微粒当中。一个个简单而平凡的原子以各种方式与那些微不足道、甚至低级的东西有机联系、相互影响着。空气本身就是一个巨大的藏书库，人类所说的一切，哪怕是低声浅语都记载于其中。这浩瀚的‘大书库’的每一本书上都永远地记载着遥远的过去和现在所发生的事情，人类未了的心愿、未曾践履的誓言、未能完成的使命都记载在这无形的书中。像那相互联系的细小微粒不曾消失一样，人自身的意志、心愿也不会消亡。如果说我们不可缺少的空气就是一个永远不变的真正的历史学家，它真实地记载着我们人类的思想情感、兴趣爱好，而大地、太空和沧海也以其特有方式记载着我们人类的所作所为的话，毫无疑问，这种作用的原理也适应于它们自己。大地有灵，苍天有眼，人虽有智慧却不过是上天所创造的一种物质而已。没有哪种运动或作用是完全消失了的，不管是自然还是人为原因所致。如果上帝真的已把罪恶的痕迹磨灭的话，那作为全能的主宰，他应当确立其特殊的规则，在这些规则的作用下，就是那些狡诈的罪犯也要与他所做的一切相联系。”

无论将一个原子如何切割，其结构总是存在的，并总是通过各种方式与周围世界发生联系。同样，一个人无论置身何处，也总会与周围世界发生千丝万缕的联系。当外界的不良影响加剧到一定程度，好人就会变坏，就会犯罪。

因此，我们自己的一言一行，以及我们周围的人的言谈举止，会对周围的世界产生很大的影响。我们的言行举止会对我们的孩子、朋友和其他人产生什么样的后果我们不容易查实，但有一点可以肯定，这种影响确实存在并作用持久。因此，无论什么人在什么时候什么地方，都要严于律己，注意自己的一言一行。这是我们每一个人都能做到的，无论你多么贫穷、地位多么卑微，都应该这样做。每个人都要求自己这样做，并能坚持这样去做，这就是一件了不起的事。很多时候，平凡人的一言一行可以改变一个伟大的人物，但伟大人物之所以伟大，往往在于他善于向平凡的人学习。事实上，平凡与伟大的区别并不在乎真理，许多“伟大”的人物往往智慧不深，而许多地位卑微的人却很聪明。有智慧的人未必富贵，而富贵的人未必聪明。往往其貌不扬的蚌壳里却孕育着美轮美奂的珍珠，山底的灯虽不如山顶的灯那么地位显赫，但它仍然燃烧并照亮自己力所能及的范围。大人物往往诞生于看起来恶劣的山野茅屋或小镇陋巷之中。一个真正的伟人会为了他人努力工作，大多数人所耕耘的土地远远大于自己坟墓的面积。一个普通的车间完全可能成为一个科研基地，成为锻炼自己的熔炉，也可能成为堕落的场所。一切都在于我们自己，在于你能否充分地利用一切机会。在同样的环境条件下不同的人会产生不同的结果，决定性的因素在于我们能否主宰自己。

一个正直、诚实、勤劳的人的一生，是留给他们儿女也是留给人类的一份珍贵遗产。他们追求美好生活，在平凡的生活中蕴藏着珍贵的精神财富。他们的一生就是对美好道德的最好证明，他们给世人上了正义的一课。由于他们为世人树立了榜样，他们将受到世人的无比尊敬。洛德·赫尔曾说："我在深思熟虑后发现，我的父母对他们的儿子尤其有影响，也如他们的儿子从未让他们掉过一滴眼泪一样。父母与子女之间会有什么影响呢？我不明白。"波普认为，这些人的生活本身就是对赫尔这段话的最有力的反驳。

空谈误事，行动才有真正的效力

> 切丝黑尔姆谈到自己成功之道时说：“我发现，如果我要完成一件事情，我得立刻动手去做，空谈毫无用处！”

无论做什么事情，光说不练是假把式，关键在于行动。切丝黑尔姆夫人向斯特威夫人谈起自己的成功之道时说：“我发现，如果我要完成一件事情，我得立刻动手去做，空谈毫无用处！”夸夸其谈的人不讨人喜欢，当然，更不会讨成功的喜欢。如果切丝黑尔姆夫人只是满足于她的演讲和计划而不去行动，她就只是一位空谈家，也就不可能超出言谈的范围，人们因此就不会相信她所说的一切。人们总是习惯于看到付诸行动并实现了自己的计划，才会赞同此人的观点。说得天花乱坠的人往往不是最大的慈善家，真正的慈善家是那些脚踏实地的人。

只要一个人有信心，认真工作，经过努力，他必将赢得成功，哪怕他是出生卑微的人。一个人的出生并不能决定什么，实干才是最重要的。托马斯·韦特曾谈过改造罪犯的问题，约翰·鲍德斯也说过要创办孤儿学校，但要是他们只是说说罢了，而没有实际行动的话，良好的愿望只能停留在嘴上和纸上。只有当他们扎扎实实地为自己所制定的目标努力时，事情才会成功。这样，当人们亲眼见到他们伟大的成就时，即使那些最无聊、对社会最不满的人，也会受到莫大的鼓舞。

约翰·鲍德斯曾经谈起这样一件事情："我对这件事情产生兴趣纯属偶然，人的命运常常是难以预料的，有时偶然性会起决定作用，犹如大江大河有时会受一些细小因素决定一样。一个闪念往往能改变人的命运。这似乎有些神奇，但生活中确实如此。我对孤儿学校的兴趣是来自一张图片：那是位于福斯海滨的一个古老、偏僻和破旧的自治市——托马斯·凯尔姆先生的故乡。几年前我前往那儿，当我走进一家小客栈坐下来休息时，我看到墙上挂着许多图片。图片上面，一些盛装的漂亮牧羊姑娘手执牧羊用的弯柄杖，与海员们在一起嬉戏。但是，引起了我的浓厚兴趣的是挂在壁炉架的正上方一幅关于修鞋匠的房子的画。画中，戴眼镜的修鞋匠正忙着修补一只被用力地夹在两膝之间的破鞋子。修鞋匠的宽前额，厚嘴唇，坚毅而又慈祥地望着他身边许多衣衫褴褛的小孩。这些孩子则好奇地望着这位修鞋匠。不知是修鞋匠慈祥的目光感动了我，还是可怜的孩子们在召唤我，我不自主地走了过去。只见图画下方写着：约翰·鲍德斯，朴茨茅斯的一位修鞋匠，他怜爱那些被官员、被女士先生们抛弃的孩子，他不忍心看到这些失去父母——他们的父母亲大都过得很舒服——的孩子在街头流浪。于是，他把这些无家可归的孩子收养起来，并努力将他们教养成有益于社会的人。他先后救助了500多个孩子。看到这些，我的心灵被震撼了。一个普通的修鞋匠凭着自己的爱心和毅力，为了这些被人遗弃的小孩们默默地奉献而不求索取，真是令人钦佩。就在那一刹那，我的精神得到了升华，同时我为自己对社会的碌碌无为而感到惭愧。此后，我激动了好久，我曾对我的朋友说过：'这位修鞋匠是仁慈、博爱的化身，应该在英国为他建一座最高的纪念碑。'如今，我已冷静下来，但我依然觉得应该那么做。我决心继续这位修鞋匠的事业，他那'怜爱众生'的精神激励着我。这位叫作约翰·鲍德斯的鞋匠很聪明，像鲍尔一样，如果以其他方式无法赢得一个穷孩子，他会以自己独特的方式去赢得他。人们总是见他在码头上追逐一些衣不蔽体的小孩，力图让他们进入自己的特别学校，他并不像警察那样动用武力、强制征服，而是耐心地跟他们讲道理，直到这些小孩跟他来到特别学校。他知道爱尔兰人喜欢烤马铃薯，他为这些孩子烘烤热乎乎的马铃薯。人们常看到这位穿着破旧的修鞋匠，把烤马铃薯送到不同的衣衫破烂的小孩手中。后来，大家都给予这位修鞋匠无与伦比的美名，但他本人从不在乎这些赞誉。他知道自己不过是尽一个修鞋匠之心，给这些无依无靠的小孩一点庇护和关爱罢了。他或许能改变几百人的命运，但无法改变整个世界。看着这些幼小的生命被父母所抛弃，修鞋匠感到非常难过。有一天主对他说：‘你帮了我很大的忙啊！你一辈子都在帮助那些可怜的人。’榜样给人的力量是巨大的，我们周围的人的品格、行为方式以及他们对事物的看法都在影响我们，只是这种影响是潜移默化的，我们感觉不到而已。好的行为方式能给予我们光明的指导，好的榜样作用更大。好榜样的行动是一种现身说法的教育，这种教育生动而富有感染力，它指导我们应该怎样去做。”

环境能够决定人的一生

一个人之所以会受到周围朋友的影响，在某种条件下，取决于外因，尽管这种作用是通过内因来起作用的。

环境能够决定人的一生。慎重择友对于品格正在形成的年轻人来说，是十分重要的。年轻人极易模仿别人的行为，朋友中只要一个染上了坏习惯，其他人就会竞相效仿，不知不觉染上恶习而难以改掉。鸠格卫斯先生认为，年轻人在一起，很容易被同化而趋于一致。我们大家都知道，经常在一起的人，连讲话的腔调都会变得相似。物以类聚，人以群分。了解一个人只需看看他的朋友就略知一二了。一个好朋友能够使自己成功，相反，一个坏伙伴也可以毁掉自己。我的座右铭是：择其善者而从之，其不善者而改之。路德·格林伍德在给年轻人的一封信中说："你们一定要记住，宁可独自一人，也不能与卑劣的人为伍。择友的时候一定要特别注意，最好与那些品格高尚的人成为朋友，至少也应该像你一样。"一个人之所以会受到周围朋友的影响，在某种条件下，取决于外因，尽管这种作用是通过内因来起作用的。彼特·李利先生曾说过："眼睛是心灵之窗，看淫秽的东西能扰乱人心，很容易滋生模仿的念头，而有了这种念头就很有可能会去行动，有时就是一念之差而走上歧途。"

年轻人需要雄心壮志，需要共求上进的朋友，因为，对朋友的要求高也就是对自己要求高。古往今来，许多英雄豪杰都将择友看作大事。弗朗西斯·霍勒平生喜欢与德高才盛的人交友，与他们交往让他获益良多。他曾感慨地说："我敢断言，我从我的朋友那学到的东西远比我从书本上得到的多。一位正直而富有才学的朋友就是一座圣洁的图书馆，只要你是他的好朋友，你就随时都可以进入这座图书馆中。"洛德·舍尔贝恩在年轻时曾拜访过尊敬的马尔斯贝恩先生，这次拜访给他留下了深刻的印象，他写道："我曾拜访过很多名人，但没有人能像马尔斯贝恩先生那样如此震撼我。他像一位世外高人，在无声之中净化着我的灵魂。凡至高至圣之人，他必须具有凡人所没有的感化人心的力量。"格利一家对福韦尔·柏克斯顿的性格、品质影响巨大，他时常说："他们一家改变了我的一生。"在谈及自己在都柏林大学的成功时，他说："我的成功可总结为一句话，即格利一家给我的巨大影响，促使我不断追求上进。"

与德行高雅的人相处，自己也会高雅。俗话说，送人玫瑰，手有余香。约翰·斯特林周围的人都会得到有益的影响。许多人由衷地说道："正是在斯特林先生的影响之下，我才得以有所成就。"还有人说："斯特林让我们明白我们是谁，应该干些什么。"特契先生在谈及斯特林时曾说："凡是与斯特林先生交往过的人，没有不被他那崇高的品德所感动的。只要和他在一起，你的灵魂就会得到净化。等到我们离开他时，总感到自己超脱了许多尘世的烦恼，充满前进的动力。"高尚的品德情操总能震撼并鼓舞人的心灵，与高尚之人在一起，我们的精神在无形中便得到升华，久而久之我们为人处世也能像他们那样。这正是心与心之间的相互作用。精神需求是人类的内在本质的需求，高尚的精神是指引人类前行的明灯。

艺术家们在一起，彼此能产生一种强大的精神感染力，使自己得到升华和提高。著名作曲家海顿的创作灵感是被英国著名作曲家韩德尔激发起来的。一听到韩德尔演奏，海顿的创作灵感就如万泉迸流。要是没有这一次意外的事件，"我决不能创作出这首曲子”。另外，海顿还说：“他演奏的曲子犹如金戈铁马之声不绝于耳，欣赏他的曲子，连血液都会随之奔流。”近代歌剧之父、意大利作曲家史卡拉迪也同样崇拜韩德尔，并跟随韩德尔走遍了整个意大利，每当谈及韩德尔，他总是在胸前画十字架表示他将其当作上帝一样来崇拜。真正的大艺术家总是互相欣赏而不是相互嫉妒的。贝多芬非常欣赏意大利大作曲家凯路比亚，对著名作曲家舒伯特更是赞不绝口：“舒伯特身上燃烧着一团天才之火。”诺斯克特年轻时十分崇拜大画家李罗德，有一次，李罗德在得文郡参加一个公开会议，诺斯克特冲到李罗德面前几乎挨着他，激动地说：“我对您的天才由衷地佩服！”这是一位年轻人对天才的情不自禁的钦佩之情。

懦弱的人常常能受到英勇的行为的鼓舞，并使他们振作前进。许多人在英雄的感召之下，爆发了无比的威力，创造了奇迹。只要想想那些英勇的事迹就能使人精神振奋，什么障碍都能努力克服。英雄的力量就像号角一样催人奋进。波希米亚英雄扎卡将自己的皮肤留给后人制成战鼓，以鼓舞波希米亚人的勇气。普鲁斯国王斯坎德贝格逝世后，土耳其人只要看到他的遗骸，就会想起他生前在战场上所向披靡的英雄业绩，顿感精神百倍。英勇的杜格拉斯在负责把普鲁斯国王的心脏运往圣地的路上，看到他们的一位武士被撒克逊人重重包围，他毅然从脖子上取下装着英雄遗物的银盒子，并把它丢向敌人最密集的深处。他一边高呼着“英勇的普鲁斯国王，你的战士杜格拉斯一定要像你一样英勇不屈”，一边冲向敌军，力战而死在普鲁斯国王的圣物旁。

榜样的力量是无穷的

> 萨缪尔·杜威认为，是本杰明·富兰克林的传记使他形成自己的生活习惯，尤其是商业习惯。

许多伟大的人物传记都记载着催人奋进的例子。先辈们艰难创业的英雄业绩永远激励着后人，他们永远活着，永远陪伴着我们，给予我们无尽的力量。历史上的那些伟人，时间不但不能磨灭他们的丰功伟业，反而使其越来越清晰，成为人类巨大的精神财富。没有了历史和这些宝贵的精神财富，我们就如同无源之水，难以成功地开创新的生活。任何人为地斩断历史长河的企图都是愚蠢的。关于先辈们英勇业绩的记载犹如无数粒坚毅的种子，一旦撒向人间，后人就会迸发出无尽的力量。英国诗人弥尔顿在谈及一本记载着英勇业绩的书时说：“这些书中蕴藏着人类最宝贵的主人翁精神，时时给人以启示和鼓舞。这就是这些书的魅力所在，许多人能从中获得动力。书本中所举的每一个例子都感人肺腑，重温这些前人走过的足迹，会促使我们积极向上，改变和创造生活。我们的成功离不开这种情感的鼓舞，离不开他们这种榜样的足迹的指引。就像那些见不到阳光的幼苗和藤蔓一样，它们总渴望太阳的光辉。于是它们拼命地往上长，直至太阳的光辉倾泻在它们身上。”

阿诺德和柏克斯顿的传记总是令无数的人为之感动，读这样的书是一种享受，它能提高人的境界，坚定人的意志。通过了解这些伟人，我们懂得了人究竟是什么，人究竟应该追求什么，从而增强信心和对希望的憧憬，追求的目标同样也会更加高尚。这样，我们的心灵就不会空洞，我们的身心就会溶化在美好的事业和崇高的精神之中。有时我们会在书中找到自己的影子，因为其中的许多状态都是我们经历过或是正在经历的。当葛热格罗阅读迈克尔·安格鲁的作品时，他觉得就像在思考自己的作品，因为自己的经历与迈克尔如此相似。在这一瞬间他的灵感被激发出来，创造能力也得到提高，他不禁大声叫道：“我也是一个画家！”法国大法官戴格斯顿深深地影响着萨缪尔·罗米利，他在自己的自传中承认了这一点。他说：“我得到了一本托马斯的书，当我读完戴格斯顿的故事，我被他作为一个杰出的地方法官的辉煌的事业所深深打动，我感到我的激情和理想燃烧了。从此，我孜孜以求，终于使自己的事业有所成。”

《论行善》则深深地激励了富兰克林，并使他有所成就。从这些示例可以看出，一个好榜样能对多少人产生影响啊。萨缪尔·杜威认为，是本杰明·富兰克林的传记使他形成自己的生活习惯，尤其是商业习惯。因此，我们不能说一个好的榜样，他自身的力量在某一点已经消失，或者说他的力量仅囿于书本，历史上那些开天辟地、勤奋创业的先人，那些扶贫济困、德行高洁的先人，他们作为榜样的力量又何曾消失呢？作为后人，我们的优势就在于继承和发扬了他们的崇高精神，然后不断地开辟自己的未来。我们应该读最好的书，依照最好的榜样，不断地完善自己。路德曾说过：“我只看我认为好的经典书籍，它们是经过我长期选择所决定的。阅读这些书，能使我变得越来越崇高，创作的愿望也愈来愈强烈。我总能从书本中得到益处。在朋友们不在身边的时候，我把以前读过的书温习一遍，甚至翻来覆去地读几遍，其中所得远比读许多新书要来得多。”

另外，有许多记载了一些感人事迹的传记，偶尔翻一翻，同样会激发我们的活力和灵感。阿尔富在阅读了《普特切斯的一生》一书后，对文学发生了浓厚的兴趣。洛雅拉在当兵时由于腿部受伤，不得不卧床休息，他躺在床上，打算找一本书转移一下注意力。有人在这时给了他一本《圣徒生活记》。

洛雅拉津津有味地读着这本书并深受感染，从此，他决心献身于建立宗教秩序。同样，路德也是在读了《约翰·赫斯的一生及其创作》之后才萌发了创建新宗教的念头。伍尔夫则是在读了《弗朗西斯·中国之叶威尔的一生》之后，被叶威尔的热心和忠诚的事业心所感动，开始专注于传教事业。威廉·凯瑞也是在读了《库克上尉的航海生涯》后，头脑中产生了当传教士的念头。

对于对自己产生重大影响的书籍，弗朗西斯·霍勒总是习惯于把它们记在日记或信件里。其中包括考德瑟特的《耶洛格·赫尔》、爵华·叶罗德的《迪斯考斯》和培根的著作《白奈特讲述马休兹·赫尔》。这些书中都记载着通过感人的劳动创造奇迹的故事——总是使霍勒充满激情。在谈到读考德瑟特的《耶洛格·赫尔》一书时，霍勒说："每当读这本书时，我总是被一种莫名的激动包围着，我对于他们的事业充满无限的向往。"在谈到爵华·叶罗德的《迪斯考斯》时，霍勒说："这本书告诉我，什么是勤劳，什么是收获。"关于培根的书，霍勒说："培根的书比起任何其他的书更催人修身养性，他是一位天才人物，他教我们如何获得成功，怎样造就伟大。他使我们相信，天才不是天赐的而是勤奋得来的，劳动可以创造一些奇迹。"一本好书会给人启迪，里曼德就是在读了理查逊的一本关于一位大画家的书后才产生钻研艺术的冲动。同样，海顿是在读了《里罗德的一生》后才从事同样追求的。勇敢而鼓舞人心的故事就是成功与希望的星星之火，一旦被有所追求的人拾到，就能在这个人身上燃起熊熊大火，进而得以成功。

榜样对年轻人来说，最大的价值莫过于能促使他们愉快地工作。精神的愉悦对人们从事工作是一种极大的促进，即使遇到挫折也不会气馁。愉快的心情总是和希望、成功结合在一起，并且伴随着激情和热情。在充满热情的劳动中，辛苦、困难、沮丧会变成快乐、动力和信心。而且，一个富有激情的人往往能感染周围的许多人像他一样去工作、去创造。愉悦地去工作才能使困难挫折避而远之，并使人心灵手巧，提高效率。休谟说："与其成为一个抑郁的富人，不如拥有一份愉快的心情。"格兰威尔·夏普在为奴隶的利益坚持斗争的同时，也不忘在他弟弟的家庭音乐会上吹奏长笛、单簧管和欧巴来放松自己。当韩德尔在周六的清唱剧晚会上演奏时，夏普则在一旁敲铜鼓，此外，他偶尔也从事漫画创作。福韦尔·柏克斯顿也是一个愉快的人，他常和孩子们在乡间骑车溜达，因为他喜欢田园风光，他积极地参与家里的各种娱乐活动。

怀抱理想，勇往直前

当同学们发现自己将来能各尽其才，为民众谋福利时，就会被一种激情所鼓舞，并在这种充满激情的生活中追求知识和理想。

安罗德博士总是愉快地工作，他将其深邃的思想完全投入到培养年轻一代的伟大事业之中。他的传记作者说：“莱里汉姆这个圈子的一个显著特点就是气氛很愉悦。任何新来的朋友都能感觉到，这儿在从事一项伟大而又诚挚的工作。每一个学生都感到自己有一份工作要做，而他的义务、幸福就与他这份工作紧紧联系在一起。一股难以描述的热情与同学们的生活紧密地联系起来。当同学们发现自己将来能各尽其才，为民众谋福利时，就会被一种激情所鼓舞，并在这种充满激情的生活中追求知识和理想。”安罗德博士总是生活在同学们当中，关心帮助他们，并教他们如何珍爱自己，认清使命。他们经常在一起探讨人生，他离不开学生，学生对他也充满了尊敬和依恋。他把自己对学生的爱、对真理的追求埋在心底，为了理想勇往直前。在他的身上有一颗火热的、永不熄灭的心。安罗德认为，无论对社会还是对个人，只要有意义，自己就有义务尽力去做。事无大小，只要有益于社会，他都乐于去做。他将自己的精神寄托在把自己奉献给有益于他人和社会的事业中。他为人谦恭不倨，对事业鞠躬尽瘁。安罗德不是严师，而是一位仁慈的长者，他以自己的毕生心血培养了一批批有利于社会的有用之材，其中就包括勇敢的哈德逊。多年以后，哈德逊在从印度写给家人的信中说：“安罗德先生对我的影响是刻骨铭心的，今天，我虽然远在印度，但仍能感受到他的关怀和启迪。”

之前我们已经说过，一个正直、朝气、勤奋的人能极大地影响和带动他周围的许多人，其成就也会鼓舞周围的人。在这里，我们列举出几个实例。阿伯·乔格尔认为约翰·塞克莱是“欧洲最不屈不挠的人”。塞克莱出生于一个大地主家庭，在塞克莱16岁那年，他的父亲突然去世了，自此，塞克莱不得不着手管理家产。两年后，他开始对当地村庄进行大规模改造，并取得了很大的成就。当时的农村状况极为落后，也没有实行圈地，农夫们甚至不懂得灌溉和开垦土地。

这里的农民生活非常贫困，他们养不起马，家庭里外的艰苦劳动主要由妇女承担。如果一个爱尔兰农民将地主家的马弄丢了，对其的惩罚就是他必须跟一个女人结婚。当时村里没有一条像样的路，更没有桥。那些买卖牲口的商人想要到南边去做生意，只得和牲口一起游过河。横在半山腰的一条羊肠小道是通向村庄的主要通道，这使进出村子十分不便，当地人甚至说，这里连鸟儿都不能飞过的。看到这些情况，塞克莱感到很难过，他决心在本·切尔特山上修建一条新路。那些老业主聚在一起嘲弄这个年轻人的异想天开，但塞克莱心意已决。他召集了大约2000名劳工，从夏日的清晨开始工作。他以身作则，认真监管并鼓舞大伙儿的劳动。经过艰苦的奋斗，这件被老业主们认为不可思议的事终于完成了，以前那条6英里长、连马都走不过去的羊肠小道终于变成能通车的大路。其实，我们觉得有很多事情难以完成，主要是缺乏一个有正义感、有感召力的领头人。塞克莱当时虽然年轻，但他一心为大家谋福利，当他振臂一呼，自然应者云集，终将羊肠小道变成通天大道。接下来塞克莱开始更多地修路架桥，盖厂房，改良耕地。他还引进了改良的耕作技术，实行轮作制，鼓励开办实业。他大大加速了现存社会结构的改善，给农民注入了新的观念。这个人称“天涯海角”的村庄而今在塞克莱的影响和改造之下，成为了著名的模范村。塞克莱年轻时，邮差一周送一次邮件，这位年轻的男爵宣称，在他看到四轮大马车每天到该地区送邮件一次以前，他决不罢休。周围的人不相信他能做到，因此他们嘲笑他的异想天开。但塞克莱并没有说大话，在他有生之年，他终于实现了四轮马车每日去送邮件的愿望。

塞克莱的影响力越来越大，他为民众所谋的福利也越来越大。他发现英国长期以来稳定的大宗出口商品——羊毛的质量已日益退化，于是，他决心改变这种状况，为此，他努力创立了英国羊毛协会。塞克莱是一个注重实践的人，他自己花钱从各地进口了800只羊，最后连著名的舍韦特羊种也引了进来。南部的牧羊人都嘲笑塞克莱这一举动，认为南方的羊不可能在北方生长繁殖。但塞克莱不为所动，仍然坚持自己的想法。过了几年的时间，在北部的各乡村里就茁壮成长着30万只舍韦特羊，土地的载蓄率大大提高了。这里原本一文不值的土地身价猛涨，收回的租金十分可观。

后来，塞克莱先生在英国议会工作了30年，他坚持从不错过一次会议。他的地位为他更好地发挥作用提供了方便，他也从不放过任何发挥作用的机会。皮特对塞克莱在为民众谋福利方面的非凡才华和勇气感到非常敬佩，于是他邀请塞克莱来到道恩区，并答应给他提供一切可能的帮助。有人认为塞克莱接受邀请只是为了名声和地位的提升，但塞克莱明确表示他这样做只是为了感谢皮特先生对他创办国家农业协会的帮助而已。亚瑟·杰恩认为塞克莱创办国家农业协会是难以成功的，并与其打赌说：“你们的农业协会只会在月球上存在。”塞克莱说做就做，他呼吁公众，并得到了大多数有远见的议员的支持，国家农业协会最终得以成立，塞克莱被任命为协会会长。这个协会的巨大作用就无须赘述，仅仅对农业和畜牧业的激励作用就很快遍及整个英国，成千上万亩荒地一夜之间变成了良田和牧场，村庄一片欣欣向荣的景象。同时，塞克莱又致力于创办水产业，著名的托宿和卫克水产业的创立无疑便归功于他的努力。他圈起了一个海港从事水产养殖，这是世界上最大和最繁华的渔港。

传家的高贵品格，是给后人最大的财富

塞克莱先生同样望子成龙，但他从不压制孩子们的个性与爱好。他对孩子们追求学业和事业，总是鼎力相助。

约翰·塞克莱先生把自己的全部精力都投入到公益事业之中，他似乎从不甘于安逸的生活，他总是乐于从事开创性的事业。在法国入侵英国时，他又向皮特先生提出用他自己的家产组建一支军队，用来抵御侵略军，并且立即行动，回到北方组织了一支600人的军队，后来壮大到1000人。这支军队深受塞克莱先生的崇高精神和爱国主义情操的鼓舞，被公认为是一支最优秀的自愿军。塞克莱在担任这支军队的统帅之外，还兼任苏格兰银行董事长、英国羊毛协会主席、英国渔业协会总裁、国家财务署货币发行部专员、凯塞尼斯地区议会议员和国家农业协会会长等职。在繁忙的公务之余，他还积极从事写作。有一次，美国大使亚当斯来到英国，他向考克大臣询问英国最好的农业基地是谁经营的，考克先生回答说是塞克莱先生的庄园。后来，亚当斯又问财政大臣韦瑟塔特，英国金融领域最大的成就出于何人之手，这位财务大臣当即说，出于英国公共税务制的首创者约翰·塞克莱先生之手。塞克莱先生对整个国家的贡献可见一斑。塞克莱一生不计名利，只是以惊人的毅力勤奋忘我地工作。在不知不觉中，他建立了另一块不朽的丰碑，他耗时 8 年，编写了一部长达 21 卷的《英格兰账目统计》，在编写期间，先后收到和处理的有关信件达 2 万余封。这部很有科学和史料价值的著作问世后，立即引起轰动。但这对塞克莱先生而言，不过是尽其爱国心而已，他早已把名利置之度外，面对声誉聒噪的自己，他非常坦然。他认为，一个人最大的快乐就是能为别人做点什么，多做些也是应该的，没有什么值得骄傲。相反，应该百尺竿头，更进一步，直至生命终结。塞克莱先生把该书的全部稿酬捐给了苏格兰牧师后裔协会。《英格兰账目统计》的发表引起了巨大的社会改革：许多压迫性的封建特权被废除了，许多教区教师和牧师的工薪得到提高，苏格兰的农业也得到了更大的促进。塞克莱看到这本书对社会起了如此巨大的促进作用非常高兴，便公开宣称要花更多的精力，整理出版《英国账目统计》一书。不幸的是，由于受到坎特伯雷主教的干扰，这一计划胎死腹中。

有着过人精力的约翰·塞克莱先生，办事果断，临危不乱。1793年，由于受到战争的影响，英国的制造业中心——曼彻斯特和格拉斯哥经济萧条，许多企业面临破产，银行倒闭，情形十分危急。塞克莱在国会中反复督促议员们授权财政署，立即向该地区投放500万英镑的贷款。这个建议被采纳后，他又建议由他与他提名的另外一些人协同执行这个计划，这一建议亦得到批准。直到深夜，议会才通过了这两个决议，第二天一大早，塞克莱就火速赶往银行，以自己的名义作担保，一次性提取出了700万英镑，并于当晚分发给那些急需援助的商人。为什么要如此迅速地完成这件事呢？原来，塞克莱深知政府部门与银行的拖沓作风，于是速战速决完成了这一复杂任务。后来，皮特召见了约翰·塞克莱，说："曼彻斯特和格拉斯哥所需要的巨额援助实在无法如期筹措到手。""有关款项通过今晚的邮政将全数离开伦敦。"塞克莱挺高兴地回答。后来赛克莱讲起这件事时高兴地补充道："皮特先生听了我这句话，半晌没有说出话来。"这位好人一直为了公众利益而愉快地工作着，他为自己的家人和祖国树立了一个良好的榜样。他一生孜孜以求，但他所追求的不是个人的财富，而是公众的事业，并始终站在劳苦大众的立场。他以为人民谋福利而快乐和满足，并以此为宗旨。不但如此，约翰·塞克莱先生亦治家有方，对子女严格要求而不专治，他认为子女们应该到社会上去闯荡一番。塞克莱先生同样望子成龙，但他从不压制孩子们的个性与爱好。他对孩子们追求学业和事业，总是鼎力相助。使他欣慰的是，他的儿女们都成了有益于社会的人。在他 80 岁高龄时，他乐呵呵地看到他的 7 个儿子都已长大成人，并且统统没有令他失望。任何人都愿意自己的后人成为有益于社会的人，可堪欣慰的是，塞克莱先生得以如愿。

第七章

高贵的品格，会赢得全世界的尊重

品格是一个人最高贵的财产，是人生的桂冠和荣耀。

好的品德，受用一生

坎宁写道：“我的人生之路肯定是通过自己的品格获得权力，我不愿走其他的路。虽然这条路并非捷径，但它是最靠得住的。我对此充满自信。”

另外还构成人的地位和身份本身。品格，使社会中的每一个职业都成为荣耀，每一个岗位都受到鼓舞。品格比财富更具威力，它使所有的荣誉都毫无偏见地得到保障。它无时无刻不在产生影响，因为它是一个人被证实了的信誉、正直和言行一致的结果，和其他任何东西相比，更能影响别人对他的看法。

品格是最好的人性，是道德规范在个体身上的体现。一个有品格的人不仅是社会的良心，而且是民族的脊梁，因为世界是由道德品质主宰的，在战争中同样如此。拿破仑曾说过，道德的力量比物质的力量强大十倍。任何民族的力量、工业和文明都依赖于个人的品格，它构成一个国家稳定的基础，法律和制度不过是其派生物而已。生态、个体、国家和种族之间的平衡与协调也要依靠它才能获得。有其因必有其果，一个民族的品格也会产生相应的结果。

一个人只要品格高尚，即使他没有受过良好教育、能力一般、收入菲薄，他一样能产生比较大的影响，不管他是投身于车间、会计室、商业社区，还是议会。1801 年，坎宁深刻地写道："我的人生之路肯定是通过自己的品格获得权力，我不愿走其他的路。虽然这条路并非捷径，但它是最靠得住的。我对此充满自信。"大家会不由自主地崇拜才华横溢的人，但是我们只有等到他们作了一些贡献之后才会信任他。因此，约翰·罗素指出："求助于天才，受教于品格高洁之士，这在英国是一条根本准则。"弗朗西斯·霍恩的一生就是明证。科克本爵士评论他说："他的一生散发着耀眼的光芒，他的精神将感召每一个正直的年轻人。"尽管他在 38 岁就英年早逝，但他在公众心目中的声望却无人能及。除了那些铁石心肠和龌龊的人，所有人都尊敬、爱戴和哀悼他。从没有一个死去的议员能获得像他这样的尊敬。年轻人或许会问，他为什么就能获得如此高的荣誉和尊敬？是因为他出身高贵吗？不是，他只不过出生于一个爱丁堡的商人家庭。是因为他有万贯家财吗？不是，他和家人只能勉强维持生计而已。是因为他的职位地位吗？不是，他只有一个仅干了几年的薄薪职位。是因为他的才华横溢吗？也不是，他既不超乎寻常更不是天才。他平素稳健持重，唯一的要求就是不出错。是因为他富于雄辩吗？还不是，他语调平缓，毫无煽情。是因为他举止高雅吗？更不是，他不过是行动正确、待人亲和而已。那究竟是什么原因呢？答案很简单，是因为他的勤劳、自律和善良这种超凡的人格力量。这种人格不是天赐的，而是通过后天的努力形成的。参议院中很多人的才华和演讲能力在他之上，但在道德品质方面的组合中却无人能与之匹敌。霍恩的一生告诉我们，除了通过文化和慈善事业外，人们还可以通过其他途径获得社会影响，即使在充满竞争和嫉妒的公共生活领域中也不例外。

高贵的品格，能够使人产生信心

> 不论地位高低，品格都能使人产生信心。

另外，富兰克林把自己的巨大声望归因于正直和诚实而非才能或口才，他说："正直和诚实使我在人们心目中享有声望。我口才并不好，遣词造句都会犹豫半天，很难正确使用语言，更谈不上雄辩。不过我尚能清楚地表达出自己的意思。"不论地位高低，品格都能使人产生信心。据说沙皇亚历山大一世的品格力量抵得上一套法律制度。在佛朗德战争期间，蒙太古是唯一不关闭城堡大门的法国绅士，据说在保护家园上，他的人格力量远甚于一个骑兵团。

从一种更高的层面上说，"人格就是力量"比"知识就是力量"更为正确。没有灵魂的精神，没有善行的聪明，难以产生好的影响。或许我们会从中受到启示或只是觉得有趣，但我们不会去崇拜他们，就像我们难以崇拜一位小偷的灵敏或一位在高速公路上策马的骑士一样。

有些品质并不关乎人的性命——诚实、正直和仁慈，却是一个人品格最重要的表现。正如古人所说："即使缺衣少食，品格也先天地忠实于自己的德行。"具有这种品质的人，一旦确定了坚定的目标，他的力量就会锐不可当。他不仅能实施善行，还能抵制邪恶，除此之外，他能忍受各种困难和不幸。当史迪芬落入那些加害于他的卑鄙小人手中时，他们带着嘲讽的口吻问他："现在你的堡垒在哪里呢？""在这里！"史迪芬把手放在心上勇敢地说。正是这样的恶劣环境，使得这位正直之人的个性闪烁出了最耀眼的光辉，因自己的正直和勇气而傲然屹立。

艾斯肯爵士是一个非常独立、审慎而且坚持真理的人。他谈到自己的座右铭时说："我早年的第一条行为准则是，做我的良心让我做的事情，把后果留给上帝去考虑。我对父母的教导终身难忘，我相信这种教导是他们从实践中得出的经验，并在生活中严格遵循。我从不认为这种顺从是一种牺牲，相反，我发现他们指给我的是一条通向幸福和富贵的道路。我认为也应该给我的孩子们指出一条同样的成功之路。"

拥有良好的品格几乎是每个人的最高目标之一，想要达到这种目标必须先要获得努力的动力保证，然后用积极的思想观念作为一种向上的因素，使他的动机保持稳定并受到激励。一个完整的人生最好是有一个较高的目标，但是并不是每个人都能认识到这一点。迪士累利先生认为：“人不往上看自然就会向下看，精神不能上天自然就会入地。”乔治·哈伯特深刻地写道：“一个职业低微的人，如果把目标定得较高，他也可以成为一个高尚的人；不要让精神消沉，一个志向高远的人毫无疑问会比一个胸无大志的人更有价值。”

苏格兰有句谚语：“拉住金制长袍的人，或许可以得到一只金袖子。”那些有凌云壮志的人，一定有所成就，即使目标不能完全实现，所付出的努力本身也会让人终生受益。

生活中会有许多虚假的性格，这些也很容易识别。一些人清楚品格的金钱价值，他们会为此弄虚作假，达到自己不可告人的目的。克罗尼·克托雷斯曾经对一个以诚实正直著称的人说：“我愿意以 1000 英镑来换取你的美名。”“为什么？”“因为我可以用它赚取 1 万英镑的利润。”这个流氓恬不知耻地回答。

为自己的正直的良知而骄傲

> 行动和言语的诚实对正直的人来说，是至关重要的。人必须言行一致。

有人说过，个性的脊梁就是诚实正直的言行，而持之以恒则是它最显著的特征。伟大的政治家罗伯特·皮尔勋爵辞世后，惠灵顿公爵评价他的品格说：“爵士阁下们：你们都感受到了罗伯特·皮尔先生崇高的品格。我们都在议会工作，共事多年，他是我一生中最信赖的朋友。通过交往，我深深地感受到了他的公正和诚实，他一生致力于增进公共事业，我从来没有怀疑过他的一言一行。”这也正是他之所以能赢得巨大声望和权力的原因所在。

行动和言语的诚实对正直的人来说，是至关重要的。人必须言行一致。一个美国绅士对格兰威尔·夏普的德行非常佩服，于是给自己的儿子也取名夏普。当格兰威尔·夏普知道这件事情后，在给其的回信中说："我请你把我的家训教给你的儿子——按照你所希望的目标努力奋斗。这句话是我父亲教给我的。我的祖父在生活中小心谨慎地实践这一训示，虽然他只是一个普通人，但真诚成了他在公共场合和个人生活中最主要的品格。"每一个懂得自尊和尊重他人的人，都会在行动中严格遵循"诚实地按照自己所设想的去做"这一格言。在工作中融入其高尚的品格，认真细致地做好每一件事，他就会因为自己的诚实正直和自己的良心而感到自豪。有一次，克罗威尔对伯纳德——一个聪明而不择手段的律师说："我知道你近来的行为非常谨慎，对此你不要过于自信。敏锐可能会欺骗你，而正直却不会。"那些不讲信用的人士是不会获得别人的尊重的，他们的承诺也会因此变轻。即使他们说出的是真理，也会被他们的品格降低可信度。

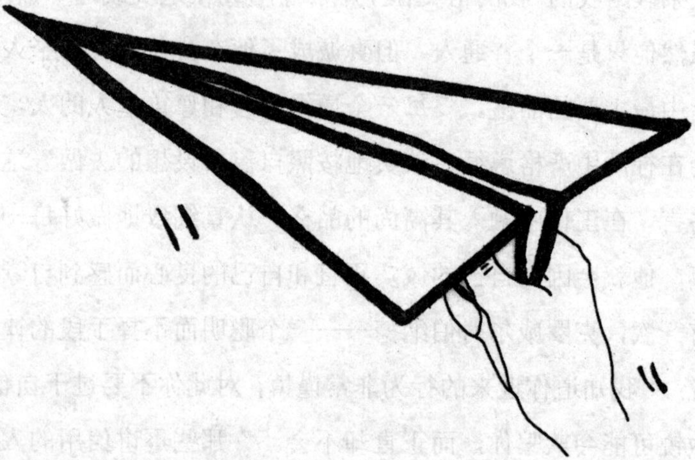

做自己思想的主宰。

每一次坚持都是胜利

纪律和良心，在品格中居于主导地位，起着支配作用，在实践中它们捍卫着人格。

一个真正有良好品行的人，不管在有没有外人在场的情况下，都不会做坏事。有人问一个受过良好教育的男孩，为什么不在没有人的情况下拿一些珍珠放在自己口袋里，他回答说："虽然没有人在场，但我自己在看着我自己呢。我绝不会让自己去做一件不诚实的事情。"这是一个关于纪律和良心的简单而经典的例子。纪律和良心，在品格中居于主导地位，起着支配作用，在实践中它们捍卫着人格。它们对于生活不只是消极被动地去影响，而是起着强有力的规范作用。这种纪律在日常生活中每时每刻都在塑造着人的品格，并且日益强大。没有这种主导力量的影响，品格就失去了自己的保护伞，面对斑驳陆离的诱惑，品格就时时有叛变失节的危险。任何一种诱惑都可能使人屈服，做出卑鄙或不诚实的事情。不管程度多么轻微，都将导致自我的堕落。无论你的行动是否成功，无论你的行动有否被人发现，你不再是从前的你，而成了一个罪人。你会时常感到不安，时时自责，或者说受到良心的谴责，不可避免地成为一个罪人。

习惯是人的第二天性

习惯会自然而然地发生作用，它一旦形成，就不需要你过多努力，一切顺其自然就可以。

我们时常可以感觉到良好的习惯对性格的强化和支持所产生的巨大的作用。我们曾经说过，人有很多习惯，而习惯是人的第二天性，是一个人的行为举止和思想多次重复所产生的影响。麦塔斯塔索坚持认为：“人类的所有东西都是习惯，品行本身也不例外。”巴特勒在他的《模拟》一书中，就特别强调了自我约束和抵制诱惑的重要性，只有养成了品行方面的习惯，最后才能达到乐善好施，而不会屈服于邪恶。他说：“属于感官的习惯是由外部行动所产生的，而属于精神的习惯是由内在的实际目标所产生的，是后者把前者转化为行动，或者是按照顺从、真诚、公平和仁慈的原则去行动。”布鲁姆勋爵也多次强调了在青年时期进行训练和榜样作用的重要性，他说：“我相信，在神的旨意下，任何事情都可形成习惯。在每个时代，立法者有如学校校长一样，主要是依据习惯立法。习惯使得一切事情变得容易，一旦偏离了原有的习惯就会出现问题。”因此，如果戒酒成为一种习惯，酗酒就是可憎的；如果节俭成为一种习惯，那么挥霍浪费就是有悖于个人生活的恶习。因此，在生活的道路上，小心谨慎和防止养成恶习是十分重要的。一旦个性向诱惑屈服，它往往就会变得极为脆弱，失去抵抗力；而要使一条原则成为坚定的信念，是需要长年累月的坚持的。一位俄国作家打了一个绝妙的比喻：“习惯好比是一串珍珠，有了一个缺口，珍珠就会全部散落。”

习惯会自然而然地发生作用，它一旦形成，就不需要你过多努力，一切顺其自然就可以。平常的时候，我们很难感觉到习惯的存在，只有在你违背习惯行事的时候，你才会感觉到它的存在。当我们把一件事做过两次之后，我们就会发现它变得容易，做起来得心应手。习惯就像一张蜘蛛网，刚开始，它很脆弱，一旦形成，它就像铁链一样牢不可破。人生中的一些琐碎小事，看起来可能是微不足道的，这正如从天而降的雪花，一瓣又一瓣，然而，这些雪花积累起来，也会形成雪崩。

所有的自尊、自助、勤奋、热情、正直都是一种习惯，而不是人的信仰。事实上，原则就是习惯的别名，因为原则都是一些条框，而习惯却是事情本身。正如慈善家和独裁者，是相应地根据他们的行为是善良的还是邪恶的来划分的。因此，等我们进入暮年时，我们的行动可以做到随心所欲而不逾矩，这完全是习惯使然。我们用时间把自己编织进了习惯的链条之中。

事实上，为了使年轻人养成良好的习惯而进行教育训练，是非常重要的。因为，在我们年轻的时候，习惯最容易形成，而且一旦形成良好的习惯，将终身受益。这就像在树皮上刻字，随着时间的推移，它们会变得越来越大。“对一个小孩按照他应该走的道路进行训练，到了老年他也不背离。”他会自始至终地坚持自己的习惯。人生道路的起步决定了他的方向，决定了他的整个旅途。格林伍德勋爵对一个讨人喜欢的年轻人说：“记住，在你25岁之前你必须养成自己的个性，它会伴随你终身。”随着年龄的增加，习惯的力量也会随之越来越强大，人的个性也就慢慢形成，这时想要进行改变已经相当困难。因此，改变一种习惯比学习一种习惯往往要艰难得多。改变已有的习惯比拔掉一颗牙要痛苦、困难得多。人们很难去改变一个懒惰成性的人、一个挥霍浪费的人、一个嗜酒如命的人。因为习惯已经成了他们生活中不可分割的组成部分，是难以根除的。因此，林克先生指出："最明智的做法是小心慎重，养成良好的习惯。"

很多时候，甚至连幸福也可以成为一种习惯。有的人习惯于看到事物好的方面，而有的人则习惯于看到事物的阴暗面。约翰逊博士指出，养成看到事物好的方面的这种习惯比每年获得1万英镑的财富还要有价值。在很大程度上，我们有能力去实施那些可以创造幸福和改善生活状况的目标，而不必去考虑它们的对立面。在大多数情况下，让孩子快乐无忧地成长，或许比教给他们许多知识、让他们取得许多成就更为重要。

日常生活铸造人的性格

如果我们稍微改变一下生活，每个人都变得礼貌一些，那么，这一点点的礼貌就会因为重复出现和不断积累而具有巨大的意义。

我们可以根据一件小事而显露出一个人的性格。事实上，性格存在于每个人的一举一动中，常常通过它们体现出来。我们的性格往往体现在待人接物当中。当我们以优雅举止对待长辈、平辈和晚辈时，我们会感到很快乐。它不但能使别人感到快乐，而且能给我们自己带来十倍的快乐，因为我们的人格受到了尊重。在很大程度上，每个人都可以获得优雅的举止，只要我们注意提高自我修养。即使是一个身无分文的人，只要他愿意，他同样可以成为一个举止文明、态度友善的人。社交场合中的和蔼可亲，就像无声的灯光一样，使一切东西都笼上了美妙的色彩。它比夸夸其谈和空有一身蛮力更具影响力，并且这种影响力是潜移默化又深入持久的。

哪怕仅仅是友善的一瞥也能给人带来快乐和幸福。罗伯特逊在给布莱顿的信中，谈到一个与他有关的女孩，“星期天当我从教堂走出来的时候，一个贫困的女孩从我身旁经过，我当时友善地看了她一眼，她的眼睛里充满了感激的泪水，显得特别快乐。对我来说这是多么生动的一课啊！原来如此简单的给予就能带来幸福！我们错过了多少扮演天使的机会！我记得我做完之后，心中充满了感伤。回家之后，也没去多想此事。匆匆地一瞥也能给一个深陷于生活的水深火热之中的人带去片刻的阳光，给她的心灵带去片刻的轻松。”

使人类生活丰富多彩的道德和礼貌，比作为它们外在表现形式的法律要重要得多。在这方面或那方面法律仅仅是对我们进行约束，但是，礼貌就像我们呼吸的空气一样无处不在，它完全存在于整个社会。我们所说的行为规矩和有礼貌同等重要，亲切和友善之和就是有礼貌。人们各种相互友好和快乐交往的最重要因素就是仁慈。蒙田夫人指出：“友善不需要你付出任何代价，但是你可以凭借它得到一切。”世界上最廉价的东西就是友善，实施友善不会给你增添任何麻烦，也丝毫不用你作出任何自我牺牲。伯雷对伊丽莎白女王说：“赢得别人的心，你就拥有别人的心和财富。”如果人人都能做到远离一切虚伪和阴谋，自然友善地去行动，那么欢声笑语将会充满我们整个社会，人人都会过得快乐幸福。如果我们稍微改变一下生活，每个人都变得礼貌一些，那么，这一点点的礼貌就会因为重复出现和不断积累而具有巨大的意义。这就像一天的极少部分，或空闲的几分钟，如果把一年或一生中这一点点时间积累起来数量就极为庞大了。

道德和礼貌是人生最美的妆容

真正有礼貌的表现之一是充分考虑别人的意见。那些目空一切的独断论者往往傲慢至极。

礼貌能够替行为润色。说一句话或做一件事都采用友善的方式，那就将使它们身价倍增。不情愿或是以高姿态完成的举动，是很少被人当作恩惠来接受的。然而，有人却为自己强硬的态度得意。虽然他们有德行并且有能力，但是，他们的态度却很生硬，令人难以接受他们的德行和能力。一个人尽量不牵着你的鼻子侮辱你，但是，如果他经常伤害你的自尊，说些令你不快的话并引以为乐，恐怕你是难以去喜欢这样的人的。还有一些人，他们总是居高临下抱恩赐态度施惠于人，决不放过任何机会来表现自己的伟大。当阿伯尼沙为竞选圣·巴塞罗缪医院外科办公室主任拉选票时，他顺便去看望了一个有钱的杂货商，也是个政府官员。这个人坐在柜台后面，当阿伯尼沙走进来的时候，他就立即摆出一副高姿态，准备让这位外科医生来恳求自己的选票。“我想你是希望得到我的选票，先生。这对你的生活将具有划时代的意义！”阿伯尼沙最讨厌自吹的人，这个商人的腔调把他激怒了，他回答说：“不，我需要一便士的无花果。我不需要你的选票。动作麻利一点，把它包好，我还有急事。”

对一个进行商务谈判的人来说，礼貌修养是必不可少的，当然，过于强调繁文缛节则略显浮华，也是不明智的。一个获得成功的人所必需的品质就是良好的道德修养，它能扩大人的生活圈子。我们经常会发现，缺少礼貌这样的缺陷往往能把一个人勤劳、正直和诚实的品格所淹没。当然，那些极具包容心的人，他们能够容忍别人的缺点和光芒，而更多地看到别人的真正可贵的品质。但是，世界上的大部分人并不能做到宽容，他们主要是根据别人表现的言行举止来形成自己对别人的看法。

真正有礼貌的表现之一是充分考虑别人的意见。那些目空一切的独断论者往往傲慢至极。固执己见、傲慢无礼和自以为是都是它最坏的表现形式。人们应该听取不同的意见，当我们遇到相反意见时，我们要告诉自己忍耐、忍耐再忍耐。当自己的意见不被别人采纳时，我们完全可以心平气和保留各自意见。大吵大闹，甚至中伤别人都是非常不好的。有时，言语造成的伤害甚至比肉体的创伤更难以医治。

与生俱来的礼貌同正直和友善一样，与一个人的地位和职业是毫不抵触的。制造板凳的机械工人和牧师或贵族一样，同样可以拥有礼貌。礼貌与工作环境两者之间没有必然的内在联系，粗鲁或鄙俗，在任何情况下人都不应该如此。在许多大陆国家中，将各个阶层的人区分开来的界线正是礼貌和品质，或许我们不用牺牲自我便可以具备这一优秀品质。当然，随着社交的扩大和文化的提升，也正慢慢地使我们也拥有了这些大陆国家的礼貌和品质。从最富有的到最贫穷的，从最高贵的到最低贱的，到在生活中没有地位或没有任何条件的，造物主都把伟大的灵魂给予了他们，这是造物主最高的恩赐。然而，世界上从来不存在天生的绅士，他们只不过是一个伟大灵魂的主人。伟大的灵魂不仅存在于穿着镶花边的大衣的贵族身上，它也同样存在于穿着灰色粗布衣服的农民身上。一个爱丁堡年轻人带着罗伯特·彭斯到大街上，去辨认一个诚实正直的农场主。彭斯大声说："你会对这个戴无边圆帽、穿大衣、紧身裤和便鞋，外表看来像蠢汉的人极感兴趣。先生，这个人的实际价值，有一天会超过你我甚至十倍。”如果那些人不能看到人的灵魂的话，那么一个具有伟大灵魂的人也跟普通人一样其貌不扬。而在那些正直的人看来，性格往往通过自己显明的标志，使一个人从众人中脱颖而出。

只有具有高贵的品格，才会赢得尊重

绅士的品质取决于他的道德观，而不是他的生活方式或举止；取决于他的个人品性的好坏，而不是他财产的多寡。

威廉和查尔斯·格兰特是里斯郡的一个农民的儿子。他们所有的耕地被一场突发的洪水淹没了，洪水毁灭了他们的家园。这位农民和他的儿子们面对茫茫世界，不知何去何从，在走投无路的情况下，他们一路南下，到了兰开郡的伯里。站在沃姆斯利附近的山巅，可以看见艾威尔河蜿蜒曲折流经山谷。面对这片完全陌生的土地，他们根本无法判断该走哪条路。于是，他们把一根木棍抛向空中，决定按照木棍落下的方向前进。根据木棍指示，他们来到了附近的拉姆斯波林村庄。他们在一家印刷厂找到了工作。威廉也在这当了一名学徒，以自己的勤奋、节俭和正直他们赢得了老板的信任和赏识。由于工作踏踏实实，老板一次又一次地提拔了他们。最后，威廉兄弟俩自己开办了工厂，当上了老板。经过多年的艰苦创业，他们发达了。由于乐善好施，他们赢得了巨大声誉，每一个所识之人都非常尊敬和爱戴他们。他们的棉花厂和印刷厂为许多人创造了就业机会。他们的勤勉为艾威尔河流域的人们做出了榜样，使四处充满了活力与欢乐，显现出一派繁荣的景象。为了一切有价值的事业他们都慷慨地奉献自己的财富，他们兴建教堂、学校，想方设法提高工人阶级的福利。后来，为了纪念他们当年抛木棍的事情，他们在沃姆斯利附近的山顶上建起了一座高塔。因为他们的善行，格兰特兄弟远近闻名。据说狄更斯先生对他们的事迹印象深刻，他就是以格兰特兄弟为原型来描写查雷伯兄弟的。

对格兰特兄弟俩的品格，我没有半点夸大，一个小插曲足可以证明这一点。曼彻斯特一个批发商曾出版一本非常低俗的小册子，想要诋毁格兰特兄弟的公司。他还给威廉取了一个极为不雅的绰号“比利纽扣”。有人把这事告诉了威廉，威廉表示这个人将来肯定会为此后悔。当这个信息反馈到诽谤者那里时，他说：“哦，看来我得格外小心。威廉认为有一天我会成为他的债务人。”然而，商人的债权债务是无法预料的，格兰特兄弟的诽谤者破产了。如果得不到格兰特兄弟签名的执照，他就无法再经营。他认为希望已经非常渺茫，因为要去请求他曾经诋毁过的格兰特兄弟帮忙，但是，他必须这样去做，家庭的困窘迫使他不得不面临选择。他来到这个曾被他称为“比利纽扣”的人面前，拿出申请并向他讲述了自己的情况。格兰特先生说：“你曾经写过一本诽谤我们的小册子？”这个恳求者以为格兰特会把他的申请书扔进火里，拒绝给他的执照签名。然而，格兰特却把执照递给了他，“我们并没有听说你做过什么坏事。按照规矩，一个诚实商人的执照我们从不拒签。”这位诽谤者感动得热泪盈眶。格兰特先生继续说：“嗯，我曾经说过你会为写这本小册子后悔的。我这并不是威胁你，我只是说有一天你会对我们多一份了解，你会为试图伤害我们而后悔。”“是的，我确实后悔了。我不该这样做。”“好了，现在你对我们了解多一点了。不过，你的经营怎么样，我是说你打算怎么做？”这个可怜的人回答说，拿到执照后，他的朋友会帮助他。“但是你怎么履行合约呢？”这人回答说，他的钱全部给了债权人。现在不得不严格限制日常的必需品，以便能够支付办理执照所需的费用。“朋友，这可不行，把这张10英镑的支票带给你妻子吧。可不能让你的妻子和家人这样受苦。拿着，不要哭了，一切都会好起来的。振作起来，努力工作，你会成为我们之中最优秀的商人。”这位商人深受感动，他试图说些什么来表达他内心的感激，但是声音哽塞，什么也说不出来。他以手捂脸，像小孩一样抽泣着走出了房间。

“绅士终究是绅士，”一位法国老将军在罗绥伦对苏格兰贵族说，“在危急关头，他都会挺身而出。”拥有这种品格本身就是一种尊严，它会赢得每一个人发自内心的尊敬。一个被塑造出来作为典范的人是真正的绅士。绅士这个称号是伟大而又古老的，在任何时代，它都是地位和权力的象征。那些不畏权贵的人，也会对绅士表示由衷的敬意。绅士的品质取决于他的道德观，而不是他的生活方式或举止；取决于他的个人品性的好坏，而不是他财产的多寡。诗人对绅士的描述是：“他工作踏实，说话诚恳，走路目不斜视，胸怀坦荡。”

具有极强的自尊是绅士的显著特征。他们非常注重自己的品格，并非别人看重，而是因为自我看重。正是因为自我看重，同样，他们也会尊重别人。在他们的眼中，人与人之间必须有礼貌和宽容，人性是神圣的。据说爱德华·弗兹劳德爵士在加拿大旅游时，他和印第安人一起同行，一位印第安妇女背着一个沉重的包裹，吃力地走在她空着两手的丈夫的身后。爱德华爵士看到这一情景非常震惊，他立即过去把背包放在自己肩上。这便是一个真正的绅士的举止。

真正的绅士有着极强的荣誉感，他们决不做卑鄙小人，行事谨慎。他们的言行都极为诚恳，不会敷衍了事，也不会逃避责任。他们的原则就是诚恳踏实地办事。他们说“是”就是，说“不是”就不是，即使在重金收买的情况下，他们也决不会出卖自我。出卖自己的灵魂的是那些无原则的小人。

正直的琼纳斯·霍华德在担任海军粮食储备委员会特派专员期间，曾拒绝一个缔约人的任何贿赂，他在职期间的一贯作风就是拒绝受贿。惠灵顿公爵也具有同样的优秀品质。阿塞亚战斗结束不久的一天早上，海德拉巴的首相等待惠灵顿的接见，为了弄清在马拉他的王子与尼萨签订的和平条约中，为他的主子保留了哪些权利，这位首相给惠灵顿将军准备了大约有 10 万英镑的钱财。惠灵顿默默地打量了这位首相一番，然后他说："那么，你能保守秘密吗？""当然。"这位官员说，"那么，我也能保守秘密。"然后这位英国将军很客气地满脸笑容地把这位首相送了出去。他在印度已经取得了彻底的胜利，这可以使他获得巨大财富，但是他分文未取，最后回到了英国。这就是惠灵顿至高无上的荣耀。

韦尔斯利侯爵是惠灵顿的亲戚，也同样具有高尚的品格。在征服米索之后，他严词拒绝了东印度公司的领导们送给他的 10 万英镑。韦尔斯利说："除了需要考虑我独立的个性和职务的尊严之外，我拒绝了这些馈赠还有其他原因，这些馈赠对我来说是不合适的。我只为我的军队打算，如果我克扣军饷，我会对自己感到失望。"韦尔斯利拒绝受贿的立场从未动摇。

在印度的职业生涯中，查尔斯·纳皮尔勋爵同样展示了他严格自律的高贵品质。巴巴拉克王室送给他的所有珍贵礼物他都拒绝了。他说："来到印度之后，如果我徇私枉法，我或许已拥有3万英镑的不法收入了。但是，我是清白的。我两度佩戴我敬爱的父亲的宝剑上战场（米尼战斗和海德拉巴战斗），而它丝毫没有被玷污。”

精神贫穷，才是真正的穷人

与一个精神贫乏的富人相比，一个精神富足的穷人绝对占有优势。

真正的绅士品格跟金钱与权力没有任何的必然联系。在精神上，生活贫困的人也可以成为一个真正的绅士。他可以是诚实、正直、自尊、礼貌、勇敢、自律和自立的，也就是说，他是个真正的绅士。与一个精神贫乏的富人相比，一个精神富足的穷人绝对占有优势。借用圣保罗的话说，前者是“一无所有，但无所不有”；而后者看似无所不有，其实一无所有。精神上贫穷的人才是真正的穷人。一个一无所有的人，只要他还保留有勇气、快乐、希望、美德和自尊，他就仍然富有。他们的精神便是资本，他们深得他人信任，仍能勇往直前。他们是真正的绅士。

在地位卑微的勇敢者身上，绅士的品格偶尔也会体现出来，有这样一个故事：很久以前，埃迪加河突发大水，河水漫过了两岸，维罗纳大桥也被冲垮。桥的拱顶旁有一幢房子，眼看房基要被冲垮了，里面的居民从窗户里向外呼救。站在河岸上的斯坡尔维尼伯爵对周围的人说："我将给愿意冒险去救那些可怜的人 100 个法国金路易。"从人群里走出来一个青年农民，他把一只船推入急流，将船靠住桥墩，接这一家人入船，然后奋力向河岸划去，把他们安全地送上了岸。"勇敢的年轻人，这是你的钱。"伯爵说。"不，"年轻人回答说，"你把钱给这个贫困的家庭吧，他们才真正需要。我不会出卖我的生命。"这个年轻人虽然只是个农民，但他不失为一个真正的绅士。

特恩巴尔的著作《奥地利》中记述了一件奥地利皇帝弗朗西斯的逸事，一个来自于政府的习俗，向人们展示了皇帝的个人品质。"有一次，在维也纳地区流行霍乱，皇帝带了一名随从武官在城市和郊区视察。突然有一个情况引起了他的注意，一具尸体放在担架上被拖向坟地，后面却没有一个哀悼者。询问后他才知道这个人死于霍乱，而因害怕感染，亲戚们都不敢给他送葬。弗朗西斯说：'那让我们送他去那儿吧，在没有得到最后的尊敬的情况下我的臣民们不能就这样下葬了。'紧随着尸体，皇帝便到了遥远的墓地，恭敬有加地参加了葬礼。"

不久以前，在多佛尔海峡的海港发生了部分小木船船员营救一艘煤船船员的感人事迹。一场突然从东北刮来的风暴把几艘轮船的锚扯脱后掉入水中，巨浪把其中一艘煤船推得远离了海岸，那艘可怜的煤船几乎毫无自我靠岸的希望。而且那艘船上毫无值钱的东西，难以诱使岸上的船员甘愿冒死前去相救。值此紧要关头，正直勇敢的木船船员根本没有想到钱。西蒙·普利策德从岸边的人堆里走上自己的船并大声说："谁愿和我一起去救人？""我去"，"我也去"，响应者一下就达 20 多人，但只需 7 个人就行了。在人们的欢叫声中，这些勇敢的船员挥动着有力的胳膊撑划着一只木船在翻滚的海浪中箭一般地行驶，几分钟里就靠近了那艘搁浅的船。"等浪尖打来的时候使力。"木船离开船岸不到一刻钟，6 名煤船上的船员就把船安全地开进了沃尔默海滨。在这一事件中木船船员所表现出来的英雄气概是无与伦比的，虽然他们向来就很勇敢。能在这里将他们的事迹记载下来确实让我们感到十分荣幸。

这个例子向我们极好地展示了一个绅士的品质，我们也可以将它与几年前的两个巴黎的铁路工人的故事联系起来，这个故事最初是登载在晨报上的。"一天，一辆灵车载着一副白杨木棺材开往蒙特马特墓地，奇怪的是后面无人送葬，甚至连一条狗都没有。天空下着瓢泼大雨，和往常一样，人们看到灵车来了，都礼貌性地举起自己的帽子。最后，灵车经过两个穿着粗布衣服的英国铁路工人面前，他俩刚从西班牙来到巴黎。看到这幅情景，他们两人都感慨万千。‘可怜的人啊！’其中一个人对另一个人说，‘没有一个人为他送葬，咱俩去吧！’于是，他们都摘下帽子，顶着大雨跟在这位陌生人的灵车后面，走向蒙特马特公墓。”

真诚是一位绅士最重要的品质。因为真诚是“人类的顶峰”，是人类活动中正直的灵魂。查斯特菲尔德勋爵认为正是由于真诚，人们才成为绅士。当惠灵顿公爵在囚犯宣誓释放的问题上受到凯勒门的强烈反对时，这位伊比利亚半岛的将军写信给凯勒门，他说：“对于一个英国官员来说，如果说除了勇气以外还有什么值得骄傲的话，那就是我的真诚。”惠灵顿写道：“当一个英国官员发誓不逃跑的时候，他肯定不会违背自己的誓言。请相信我，也请相信他们的誓言。一个英国官员的承诺甚至比哨兵的双眼更保险。”

真正的勇敢与豪爽侠义向来是紧密相连的。一个勇敢的人常常是慷慨仁慈之士，而非狭隘冷酷之人。巴利曾这样评价自己的好友——约翰·富兰克林爵士：“他很勇敢，从来不逃避危险，但温柔时却连一只蚊子也舍不得赶走。”在西班牙的艾尔博登发生的骑兵格斗中，法国军官贝阿德展现了他良好的性格特征——宽厚和崇高的精神。当贝阿德举起剑准备袭击菲尔顿·哈维勋爵时，他发现对方只有一只手，他立马停住动作，接着将剑丢在菲尔顿勋爵面前，然后像往常一样带着深深的敬意离开了。同样，尼莱在伊比利亚半岛战争中，也表现出了他的高贵品质和宽厚仁慈。在科罗纳地区，查尔斯·纳皮尔由于身负重伤而不幸被俘。他的朋友们甚至不知道他是死是活。英军派出一个特别使节——巴伦·克罗特，率领着一艘护卫舰去查明他的下落，当克罗特到达敌营后，向尼莱说明来意。“让这位俘虏见见他的朋友，”尼莱说，“告诉他的朋友们他很好，在这里受到了特别的礼遇。”克罗特仍在那里踌躇徘徊。尼莱见状微笑道：“他还需要什么吗？”“他家有老母，另外还有一位盲妻。”“哦，那让他自己回去告诉他妻子他还活着。”当时，交换俘虏被两国所禁止，尼莱清楚自己放走这位年轻的英国军官可能会惹怒拿破仑皇帝，但令人意外的是，拿破仑却对尼莱的宽厚行为大加赞赏。

真正的骑士精神，依然存在

> 这些事情都让我们为之自豪，也使我们确信骑士精神不会磨灭，而会永远活在我们之中。

我们时常能听到人们对骑士风范一去不复返的哀叹，但在我们这个时代，还是经常可以看到很多事情所表现出来的勇敢仁厚以及自我克制的英雄气概，这些都是历史上无与伦比的。从最近几年发生的一些事情来看，我们的国民并没有堕落。在荒凉的西巴斯托普高原的危险的战壕里，我们的军士们顶住了12个月的围攻，每一个阶层的人都无愧于祖先遗传给他们的高贵品德。在这场伟大的考验中，我们的国民也充分表现了他们最光辉的品德。在考恩坡的尼莱的急行军和在罗克卢的哈维洛克的急行军的军官和士兵，都急于营救妇女儿童，而哈维洛克的上司奥拉姆没有把攻打罗克卢的荣耀据为己有，而是给了哈维洛克，这一行为足以证明奥拉姆无愧于“印度的贝阿德”这一称号。勇敢而宽厚的亨利·劳伦斯的临终遗言是：“不要让我留下任何遗憾，让我的精神连同我的肉体一起被埋葬。”这些事情都让我们为之自豪，也使我们确信骑士精神不会磨灭，而会永远活在我们之中。

在战争的洗礼中，即使是普通士兵也可以证明自己是一个绅士。在阿高拉遭遇战中，许多伤员被抬回要塞，他们得到了妇女们的精心护理，这些粗鲁、勇敢的战士此刻却表现得如同孩子一般温驯。在被妇女们照看的几周之内，从没有传出哪个战士有无礼的要求或行为。后来，伤者们为了表达他们的感激之情，他们邀请那些护理的妇女们和阿高拉的领导到泰姬陵公园聚会。在聚会的鲜花和音乐声中，这些已是肢体残缺的昔日勇士，起身感谢那些精心照料自己穿衣饮食，沮丧时给他们安慰的温柔的女同胞。在斯沟塔利医院，许多伤病员也在为那些照料他们的善良的英国女性祈福。没有什么比这些可怜的伤员的愿望更美好的了。在疼痛难忍的夜里，他们祈祷佛罗伦萨夜莺的幽灵能够降临在他们的枕边。

远离非洲海岸的伯克哈德号于1852年2月27日失事，这再一次体现了19世纪的普通人所具有的骑士精神，这也是人们引以为荣的壮举。伯克哈德号载着472个男人、166个女人和儿童，在非洲的海岸疾速行驶。这些男人是当时在好望角服役的几个军团的官兵，主要由新兵组成。凌晨 2 点，灾难发生了，当时人们还在酣睡之中。伯克哈德号在这时撞上了一块暗礁，尖锐的暗礁刺穿了船底。海水大量地涌上甲板，这样下去，船很快就会沉入海底。这时，甲板上层的战士迅速地拿起了武器，立刻集合。大家一致决定一定要保护妇女和儿童的生命安全。他们来不及穿衣，匆匆赶到下层的甲板上。他们将妇女和儿童转移到几只备用的小木船上，当小木船划离伯克哈德号时，船长有欠考虑地说："所有会游泳的人跳入水中，游向小木船。"但上校赖特立即反对，他说："不行。如果这样，那些载着妇女的小木船都会沉没。"说这句话时，那些勇敢的士兵纹丝不动。再也没有备用的小木船了，大家都面临着生与死的严峻考验，但没有人感到沮丧和恐慌，更没有人逃脱畏缩。"他们没有一句牢骚和怨言，更没有号啕大哭，"幸存者赖特上校后来说，"直至船沉入海底。"船迅速地沉入了大海，这一群英雄也随之魂归大海。他们是最为勇敢和高尚的战士。这种榜样永远存留在人们心中，他们的英名将永垂后世。

绅士的力量，风度和品格

真正的绅士往往懂得将心比心，替别人着想，会平等对待晚辈和被赡养者，尊重他们的尊严。

成功地经受无数的考验或许会使一个绅士闻名，但他必须能够经受这样一种考验，即他如何对那些低于自己的人行使权力？包括他如何对待妇女儿童？作为长官如何对待下级？作为老板如何对待职员？作为教师如何对待学生？诸如此类的问题。在这些情况下，慎重、宽容和友善往往被看作是对绅士性格最严峻的考验。拉莫特有一天穿过拥挤的人群时，不小心踩了一个年轻人的脚，这人马上掴了他一个耳光。“哎，先生，”拉莫特说，“如果你知道我是一个盲人，你会为你的行为后悔的。”欺侮弱者的人决不会成为一个绅士，甚至不能成为一个真正的人。暴虐蛮横的人，不过是一个外强中干的奴隶。一个正直的人身上所表现出来的力量以及使用这种力量的良知，赋予他以高贵的个性，但是，他会特别小心谨慎地运用这种力量，因此“拥有巨兽一般的力量是令人羡慕的，但像巨兽一般运用其蛮力则不可取”。

对绅士风度的最好的考验便是观察这个人是否温文尔雅。真正的绅士往往懂得将心比心，替别人着想，会平等对待晚辈和被赡养者，尊重他们的尊严。他宁愿自己吃亏，也不愿意因自己的不厚道而引起别人犯更大的错误。他很包容那些不如自己的人的缺点错误，甚至对牲畜也很仁慈。他不会刻意地炫耀自己，不会因成功而洋洋得意，更不会因为失败而一蹶不振。他不会强行让别人接受自己的意见，但必要时他会畅所欲言。另外，他会常常帮助别人，却不会以一种居高临下的姿态去帮助别人。瓦尔特·司各特在谈到洛林爵士时说：“他乐于助人，此点难能可贵。”

绅士的性格就在于他们在日常生活中敢于自我牺牲，在利益面前先人后己——查塔姆爵士曾经这样说过。为了说明这种高贵的个性，我们这里谈谈关于拉尔夫·阿伯克龙比勋爵的一则逸事。据说，勇敢的拉尔夫在阿伯克战争中，意外受了重伤，他被人用担架抬往急救中心。为了减轻他的痛苦，负责救助的人们将一个战士的毛毯枕在他的头下，这种办法很奏效。拉尔夫询问脑袋下面放了什么东西。大家告诉他：

“是一块毛毯。”“这是谁的毛毯？”他问道，然后竭力起身。“是一个战士的。”旁边的人赶快回答，然后阻止他的起身动作。“我想知道这块毛毯的主人是谁。”拉尔夫继续追问道。“是第 42 号邓肯·罗伊的，拉尔夫先生。”旁边的人已经显得很焦急。“那好，今晚一定要将毯子还给邓肯·罗伊。”即使是为了减轻临死前的痛苦，这位将军也不肯让一个战士由于没有毛毯而受凉。同样，在祖德芬战场，悉尼在临死前将自己的水壶留给了一个战士。

高雅年迈的富勒在描绘我们可敬的弗兰西斯·德雷克勋爵时，简明扼要地概括了一个真正的绅士所具有的性格特征：“朴实，公平，真诚，仁慈，平生最恨懒惰。在关键问题上，不管别人是多么的权威或技术多么娴熟，他从不依赖于别人的关心。他从不将危险放在眼里，他希望凭借自己的勇气、技能或功劳去战胜一切困难，并在危急关头第一个挺身而出。”